探寻海洋的秘密丛书

海洋生物

谢宇　主编

花山文艺出版社
河北·石家庄

图书在版编目（CIP）数据

海洋生物 / 谢宇主编. -- 石家庄 : 花山文艺出版社, 2013.6（2022.3重印）
（探寻海洋的秘密丛书）
ISBN 978-7-5511-1092-1

Ⅰ. ①海… Ⅱ. ①谢… Ⅲ. ①海洋生物－青年读物②海洋生物－少年读物 Ⅳ. ①Q178.53-49

中国版本图书馆CIP数据核字(2013)第128576号

丛 书 名： 探寻海洋的秘密丛书
书　　名： 海洋生物
主　　编： 谢　宇

责任编辑： 冯　锦
封面设计： 慧敏书装
美术编辑： 胡彤亮
出版发行： 花山文艺出版社（邮政编码：050061）
（河北省石家庄市友谊北大街 330号）
销售热线： 0311-88643221
传　　真： 0311-88643234
印　　刷： 北京一鑫印务有限责任公司
经　　销： 新华书店
开　　本： 880×1230　1/16
印　　张： 10
字　　数： 160千字
版　　次： 2013年7月第1版
2022年3月第2次印刷
书　　号： ISBN 978-7-5511-1092-1
定　　价： 38.00元

目 录

墨 鱼……1
章 鱼……4
鱿 鱼……7
珊 瑚……10
鹦鹉螺……12
鱼 龙……14
海 星……17
海 獭……20
鲎……23
鲨 鱼……25
贻 贝……28
海 马……31
金枪鱼……35
海 牛……38
鳗 鱼……41
海 龟……43
海 蛇……46
斗架鱼……49
放电鱼……52
蓝 鲸……56
灰 鲸……59
座头鲸……63
虎 鲸……65
白 鲸……68
海 豚……72
中华白海豚……75

海　豹……………………………………………………………… 78
海　象……………………………………………………………… 82
海　狮……………………………………………………………… 85
企　鹅……………………………………………………………… 88
南非企鹅…………………………………………………………… 92
北极熊……………………………………………………………… 94
贼　鸥……………………………………………………………… 97
海　鸥……………………………………………………………… 99
海　鳄……………………………………………………………… 102
海鬣蜥……………………………………………………………… 104
翻车鱼……………………………………………………………… 106
海　绵……………………………………………………………… 108
蜞　鳅……………………………………………………………… 111
水　母……………………………………………………………… 114
僧帽水母…………………………………………………………… 116
海　参……………………………………………………………… 119
海　葵……………………………………………………………… 122
七彩海贝…………………………………………………………… 124
纽　虫……………………………………………………………… 127
海　蟹……………………………………………………………… 129
龙　虾……………………………………………………………… 131
南极磷虾…………………………………………………………… 134
海洋浮游生物……………………………………………………… 136
红树林……………………………………………………………… 139
儒　艮……………………………………………………………… 142
矛尾鱼……………………………………………………………… 145
蝴蝶鱼……………………………………………………………… 148
弹涂鱼……………………………………………………………… 150
比目鱼……………………………………………………………… 152
文昌鱼……………………………………………………………… 154

墨鱼

说到墨鱼，它对许多人来说并不陌生，因为在菜市场上常有墨鱼出售。墨鱼还有一个名字——乌贼。不论是叫墨鱼，还是叫乌贼，从名字的称谓看，这种动物总是和黑墨联系在一起，浑身黑乎乎的。从动物分类学上看，墨鱼不是鱼，它属于贝类。从它的外形看，它的足不像其他动物一样长在腹部，而是长在头顶上，因而，又称它为“头足类”。

喷射墨汁是墨鱼的逃生绝招。当墨鱼遇到意外情况，或碰到敌害的时候，它首先使用的武器就是喷射墨汁，在自己的周围布设墨汁烟幕。有趣的是，墨鱼布设的黑色烟幕其形状轮廓和自己的体型极为相似。墨汁含有毒素，可麻痹敌人。黑色烟幕的突然出现，给敌人留下的印象是“怎么突然之间变大啦！”海水被搅成一团漆黑，烟幕可保持十多分钟。不论是多勇猛的敌害见此状况，也会被弄得莫名其妙，不知所措。此时，墨鱼可乘机逃离危险。你别说，墨鱼的这一招的确非常之灵，正因为它有此绝招，所以躲过了许多天敌的危害。

喷射黑色墨汁，在明亮的浅水海域有御敌作用，然而，墨鱼不总是在浅水中活动。墨鱼也时常潜入数百米或上千米的深海活动。在深海，阳光照射不到，伸手不见五指；本来就是一片漆黑，再喷黑色墨汁就没什么用处了。令人称奇的是，生活在深海的墨鱼，经过体内机能的调整，喷射出来的不是黑墨汁，而是会发光的细菌。这种细菌一接触海水，马上形成晶莹发光的烟雾，使来犯者眼花缭乱，不知这里发生什么意外情况，墨鱼便抓住时机，逃之夭夭。

在头足类动物中，除了墨鱼之外，还有鱿鱼和枪乌贼。鱿鱼的眼睛角膜有孔，所以又称它是“开眼族”，枪乌贼的眼睛角膜无孔，又称其为“闭眼族”。鱿鱼脚的长度占身体比例比枪乌贼大得多。从外观看，枪乌贼躯干狭长，末端为尖型，像个标枪头。枪乌贼行动迅速，像一支飞行的枪头，故称其为枪乌贼。枪乌贼生活在近岸海域，春季产卵时，成群结队游向岸边。产下的卵包在棒状透明胶质鞘内，许多卵鞘连在一起，如同一朵朵白花，非常好看。

墨鱼、枪乌贼、鱿鱼的个头都不大，胆子也很小。所以，给人留下的印象是头足类都是胆小鬼。这就大错特错了。在头足类中有一英勇善战的悍将，它就是章鱼。章鱼的头顶长着八只脚，像八只带子，因此，中国渔民叫它“八带鱼”。章鱼性凶猛，属肉食性动物，每个脚上长满吸力很强的吸盘。体内有个墨囊，墨汁含有毒素，章鱼的墨汁不仅用来防御，还是十分凶猛的进攻武器。有趣的是，章鱼在休息时总保持警惕，有一两条触腕在“值班”，不停地转动，让其他部分充分休息睡眠。如果遇有意外，章鱼会立刻跳起，喷出墨汁，迅速将自己掩蔽起来。章鱼的种类很多，在北太平洋有一种大章鱼，其腕足长达9米。此外，还有一种叫大王乌贼，体型更大。据早期航海日志记载，

这种大王乌贼，重达30余吨，腕足数十米长，可称得上是头足类的“巨人”。有时，大王乌贼碰到抹香鲸，互不相让，便在海中展开大搏斗。大王乌贼利用它粗壮的腕足死缠住抹香鲸的躯体，再用强有力的吸盘，死死“咬”住抹香鲸的头。而力大无穷的抹香鲸也不示弱，用充满利齿的大嘴咬住大王乌贼的尾部。两个硕大无比的巨兽，互相拥抱着，翻来覆去，把海水搅得浊浪冲天。谁胜谁败，常常是很难预料的。有时，大王乌贼也会喷射出墨汁，企图麻痹抹香鲸，把方圆数千米的水域染成一片墨水。两个巨兽搏斗的现场，常常被搅得昏天黑地，结果又常常是两败俱伤。

留在海洋中的头足类的生命史是十分久远的。科学家们研究表明，墨鱼和它的同类原先是有外壳的，属于鹦鹉螺类。早在几亿年前的古生代，鱼类还没有问世，数量众多的鹦鹉螺和水母、海绵是海洋的原始主人。经过数亿年的演化，鹦鹉螺逐渐进化，外壳变成了内壳，又变成了内鞘，成了现今的墨鱼、鱿鱼、章鱼等头足类。所以，海洋中的头足类，是个生命史极为久远的家族。

章鱼

章鱼和人们熟悉的墨鱼一样，并不是鱼类，它们都属于软体动物。章鱼与众不同的是，它有八只像带子一样长长的脚，弯弯曲曲地漂浮在水中，渔民们又把章鱼称为“八带鱼”。

章鱼力大无比、残忍好斗、足智多谋，不少海洋动物都怕它。它之所以能在大海里横行霸道，与它有着特殊的自卫和进攻的“法宝”分不开。

首先，章鱼有八条感觉灵敏的触腕，每条触腕上约有300多个吸盘，每个吸盘的拉力为100克，想想看，无论谁被它的触腕缠住，都是难以脱身的。有趣的是，章鱼的触腕和人的手一样，有着高度的灵敏性，用以探察外界的动向。每当章鱼休息的时候，总有一两条触腕在值班，值班的触腕在不停地向着四周移动着，时刻警惕着，看有无“敌情”；如果外界真的有什么东西轻轻地触动了它的触腕，它就会立刻跳起来，同时把浓黑的墨汁喷射出来，以掩藏自己，趁此机会观察周围情况，准备进攻或撤退。章鱼可以连续六次往外喷射墨汁，过半小时后，又能积蓄很多墨汁，章鱼的墨汁对人无毒害作用。

其次，章鱼有十分惊人的变色能力，它可以随时变换自己皮肤的颜色，使之和周围的环境协调一致。有人看到即使把章鱼打伤了，它仍然有变色能力。美国科学家鲍恩把一条章鱼放在报纸上解剖，令人惊讶的是即在将死去的章鱼身上竟然出现了黑色字行和白色空行的黑白条纹。当时鲍恩惊呆了。有人问：章鱼怎么会有这种魔术般的变色本领呢？原来在它的皮肤下面隐藏着许多色素细胞，里面装有不同颜色的液体，在每个色素细胞里还有几个扩张器，可以使色素细胞扩大或缩小。章鱼在恐慌、激动、兴奋等情绪变化时，皮肤都会改变颜色。控制章鱼体色变换的指挥系统是它的眼睛和脑髓，如果某一侧眼睛和脑髓出了毛病，这一侧就固定为一种不变的颜色了，而另一侧仍可以变色。

再有就是章鱼的再生能力很强。每当章鱼遇到敌害时，它的触腕被对方牢牢地抓住了，这时候它就会自动抛掉触腕，自己往后退一步，让断触腕的蠕动来迷惑敌害，趁机赶快溜走。每当触腕断后，伤口处的血管就会极力地收缩，使伤口迅速愈合，所以伤口是不会流血的，第二天就能长好，不久又长出新的触腕。

最后一点，章鱼有高超的脱身技能。由于章鱼能将水存在套膜腔中，依靠溶解在水中的氧气生活，因此它离开了海水也照样能活上几天。有人目睹了这么一件有趣的事：一位学者把章鱼放在篮子里，提着它上了电车，过了十来分钟，突然从电车后部发出了尖叫声，原来章鱼竟从半寸大小的篮眼里钻了出来，爬到了一位绅士的大腿上，使他歇斯底里地怪叫起来，这是因为章鱼能使自己那胶皮一样柔软的身子变成饼状。

章鱼喜欢钻进动物的空壳里居

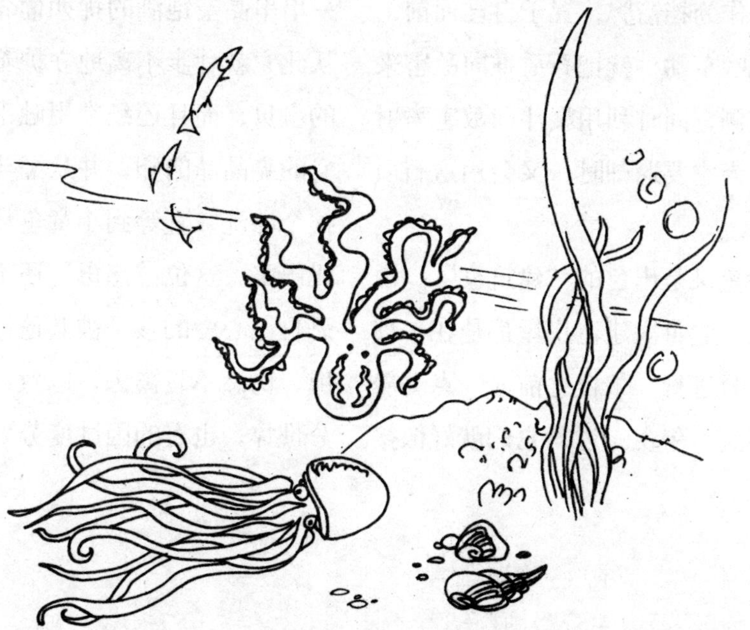

住。每当它找到了牡蛎以后，就在一旁耐心地等待，在牡蛎开口的一刹那，章鱼就赶快把石头扔进去，使牡蛎的两扇贝壳无法关上，然后章鱼把牡蛎的肉吃掉，自己钻进壳里安家。就这一点足以说明章鱼不是愚笨之辈。其实章鱼的智能远不止于此，它还会利用触腕巧妙地移动石头，对于章鱼来说，石头既是它们的建筑材料，又是防御外来敌害攻击的“盾”。一旦自己无处藏身时，章鱼就会自力更生地建造住宅，它们会把石头、贝壳和蟹甲堆砌成火山喷口似的巢窝，以便隐居其中。章鱼在出击时，常常求助于石头。有时它将一块大石头作为挡箭牌，置于自己面前，一有风吹草动，就把石盾推向敌害来袭的一侧，同时利用漏斗向敌害喷射墨汁。当它要退却时，又会用这石盾断后。

章鱼又是出色的“建筑家”。说来也怪，它每次建造房屋都是在半夜三更时分进行，午夜之前，一点动静也听不到，午夜一过，它们就好像接到了命令似的，八只触手一刻不停地搜集各种石块，有时章鱼可以运走比自己重5倍、10倍，甚至20倍的大石头，在有章鱼喜欢栖息的地方，常有“章鱼城”出现，这些由石头筑成的“章鱼之家”鳞次栉比，颇为壮观。

章鱼好斗成性，它也有点欺软怕硬，碰到比自己厉害的对手，它就施展“丢卒保车”的战术，如果碰到不及自己的对手，它必然把对方打败为止。

别看章鱼对待“敌人”凶狠残忍，对待自己的子女却百般地抚爱，体贴入微，甚至累死也心甘情愿。

每当繁殖季节，雌章鱼就产下一串串晶莹饱满的犹如葡萄似的卵，从此它就寸步不离地守护着自己心爱的宝贝，而且还经常用触手翻动抚摸它的亮晶晶的卵，并从漏斗中喷出水挨个冲洗。直等到小章鱼从卵壳里孵化出来，这位“慈母”还不放心，唯恐自己心爱的孩子被其他海洋动物欺侮，仍然不肯离去，以致最后变得十分憔悴，也有的因过度劳累而死去。

鱿鱼

说起鱿鱼，广东人似乎最为熟悉了，“炒鱿鱼”这道菜不仅仅是一道美味佳肴，现在几乎已成为常用的社会用语，用来比喻开除员工。因为鱿鱼经旺火一炒，即刻就会卷起，类似日常生活用语“卷铺盖走人”的意思。

鱿鱼不论从外形上，还是从身体的内部结构上看，都很像墨鱼，它也不是鱼类，属头足类，贝类中的一种。墨鱼是浙江的特产，而鱿鱼则是广东的特产。我们平时所见的绝大多数鱿鱼，在分类上被称为台湾枪乌贼。每年春夏随着台湾暖流的加强，它们从台湾岛近海的深水处来到福建、广东沿海浅水处，寻找砂质底的地方产卵，形成了鱿鱼汛期。

我们还是先来看一下鱿鱼的外形，它那圆筒形的体形，尾部左右各有一片对称的菱形鳍，当头部和长在头部上方的腕足收拢在一起时，活像一个火箭筒。在它追逐猎物或见到敌害而逃逸时，常常跃出水面像箭一样飞过，所以沿海渔民常称鱿鱼为“火箭筒”。想当年，“火箭筒”常被作为送礼佳品而风靡一时。即使在现代物质丰富的时代，送上一包鱿鱼干也是不错的选择。

不过与其说鱿鱼像火箭，还不如说火箭像鱿鱼更恰当一些。因为鱿鱼与墨鱼一样，也是古老的海洋动物，现在鱿鱼体内的那一片叶片状的透明薄膜，即内鞘，就是其祖先退化后留下的产物。

用手摸一下那软绵绵的新鲜鱿鱼，你大概会觉得这家伙一定是慢条斯理、文质彬彬的。如果那样你就小看了它，鱿鱼可是个游泳能手。据科学家测定，它的游速可达每小时40千米，快速时高达55千米，几乎是普通客轮的2～3倍。为什么它会有如此高速呢？剖开它的身体便可知道这高速的秘密。

原来在它颈部附近，从腹面可以见到一条窄缝通向腹腔，叫作套膜孔，套膜孔通向体外有一个类似炮筒的管子，叫作漏斗。腹腔、套膜孔和漏斗组成一套绝妙的推进系统，通过腹腔挤压，水由漏斗喷出，产生了强大的反作用力，推动身体前进，其功能类似现代火箭的原理。当它竭力追逐鱼群时，常常跃出水面，有时竟能跃出水面4～5米高，也会出现像飞鱼那样落到船甲板的情况，当然那就是船员一场意外的收获了。

鱿鱼没有牙齿，但它却是吃荤不吃素，靠食鱼、蟹类为生。它是靠口腔内齿舌与喙相结合，将鱼虾蟹等食物磨成粥状物后吞入胃中。4～6千克的鱿鱼，可轻而易举咬断钓竿上的铁钩。我们在南海常见的鱿鱼大多为手掌那么大，重达几千克一个的并不多

见。但在南美洲一带的海洋中，曾经发现有重达160千克的大鱿鱼，在那里数千克以上的鱿鱼很多，不过味道就不那么鲜美了。

在我国鱿鱼长一般在20厘米左右，巴掌大，算是海洋中的小兄弟了。可它一点也不示弱，特别是在集群产卵时，闯入的鱼类都会被群起而攻之。一只只鱿鱼施放一缕缕乌墨，常将这些入侵者弄得晕头转向，狼狈逃窜。由于鱿鱼具有这种聚集好斗的习性，鱿鱼产区的渔民常用新鲜的大鱼骨来诱集鱿鱼，往往可以获得好收成。

鱿鱼与墨鱼一样，也能不断变色，除了变成与周围环境一样外，也能以变色来显示自己的喜怒哀乐。由于鱿鱼群体大、数量多，在渔业上称为鱿鱼渔业，是南海的经济渔业之一。不过近年来由于捕捞过度，破坏了传统的资源，南海鱿鱼在市场上已不多见了，常见的是国外进口的鱿鱼，但味道比南海鱿鱼差多了。

珊瑚

珊瑚是低等的腔肠动物。它们常常被看作一种植物，甚至石头。

腔肠动物具有内外两个胚层，内外胚层的细胞围成唯一的腔——消化腔。它们有口却没有肛门，食物的进入与排泄物的排出，走的是同一个孔。珊瑚生活在海底，低等加上个体的渺小，本应该使它们在自然界中处于无足轻重、可以忽略不计的地位，更不会建造什么奇迹。而我们通常看到的珊瑚，也的确不是个体的珊瑚虫，而是群体珊瑚的骨骼。

低等而渺小的珊瑚通过无性别参与的出芽生殖来繁衍后代，即每一个新生命体的形成都是由母体的体壁向外突出，逐渐长大，形成芽体。芽体成熟，并不脱离母体，再突出新的芽体，这样，珊瑚们代代厮守在一起。由于珊瑚的外胚层细胞能分泌石灰质，生成外骨骼，所以那些死掉的“祖先”们仍以骨骼的形式与它们的子孙相伴。珊瑚群栖在海底，逐渐便形成了坚硬的外形，而且可以是很庞大的、美丽的。在中国的海口、北海等海滨城市，工艺品商店出售的珊瑚花，其实便是一种被称作石珊瑚的珊瑚群体。

石珊瑚群体所构成的美丽，的确不辱“花”的名声。它们形状各异，婀娜多姿，分外窈窕，在海底呈现红、绿、橙、黄、紫等多种色彩，万紫千红，美不胜收，具有极强的观赏价值。

珊瑚堆积，成为海底的暗礁，是航船的大敌，万吨巨轮冲破滔天海浪，却可能毁灭在这些低等腔肠动物的“尸体”上。而沿海的岸礁，却像是海边的天然长堤，使海岸固若金汤。

在海南沿海一带，石珊瑚用来

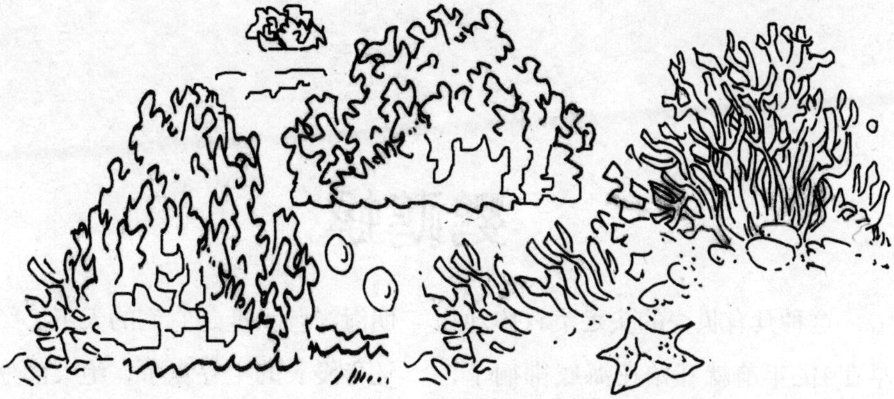

盖房子，坚固耐用、便宜美观。珊瑚还可烧制成石灰制水泥和铺路，台湾很多街道是用珊瑚铺成的，路面坚固平坦。

珊瑚完成的最伟大的工程，自然是珊瑚岛。这些渺小的个体代代堆积，历经千万年的演化，竟可以制造陆地。我国的西沙群岛、太平洋中的斐济群岛、印度洋的马尔代夫岛，都是由珊瑚堆积而成的。人类填海造出来的陆地，面对这些珊瑚岛显得太渺小了。当我们在这些岛屿上建造自己的文明时，是否能够想象出它们历经的岁月呢?

“无足轻重”，险些被我们“忽略不计”的低等腔肠动物珊瑚，竟然缔造了连人类也无法企及的奇迹，而这一切，完全是因为群体的力量，得益于一代代携手努力、不断累加的结果。

弱小者创造的奇迹，才是真正的奇迹。

鹦鹉螺

这种具有贝壳的头足类软体动物早在4亿年前就开始在海底徘徊了，可以说是存在至今的最古老的动物之一。我们知道地球本身也只有46亿年的寿命，而地球上的生物史只有6亿年。6亿年前，地球进入太古代的寒武纪，最早的无脊椎动物三叶虫等开始繁盛，到了4亿年前的奥陶纪，鹦鹉螺走向高度繁荣。今天我们只能从化石中看到三叶虫的姿色，而鹦鹉螺却仍在海底世界迈着稳健的步态。

鹦鹉螺背腹旋转，呈螺旋形，外表分布着均匀的条条密纹，光泽艳丽，犹如羽毛，壳后部间杂着橙红色波状条纹，形如美丽的鹦鹉，故而得名鹦鹉螺。这种螺的完整贝壳，不需任何加工装饰，已经是珍贵的玩赏品，若经雕刻造型，加工成艺术品，则更加名贵，使人爱不释手。

据生物学家研究，鹦鹉螺化石多达2500余种，分布遍及世界各地，说明海洋曾一度是它们的天下。经过几亿年漫长的生存竞争，绝大部分种类已经灭绝，目前在海洋中仅存4种鹦鹉螺，而且都是暖水性种类，仅在太平洋和大西洋中生活。

鹦鹉螺与其他有壳软体动物不同，构造和生活习性非常特别。它的壳腔由隔壁分成30多个壳室，最后一个为动物体居住的“住室”，而其余均为“气室”。每个隔壁中间都有一个小孔，由动物体后引出一条索状物穿过。

非常有意思的是，德国古生物学家卡恩和美国天文学家庞比亚在研究了鹦鹉螺的构造之后，发现了鹦鹉螺的一个奇异的秘密。在鹦鹉螺那一个个壳室里面，长有一条条突起而清晰的横纹，叫作生长线。这些神奇的生长线，竟准确地记录了月球的演化史！

两位科学家解剖了数以千计的

鹦鹉螺，最后证实，鹦鹉螺的两片隔膜间的生长线条数正好与现在的太阴月(即月亮绕地球一周)的时间——29.53天相吻合。卡恩和庞比亚还对各个时期的鹦鹉螺化石进行观察，发现在特定的地质年代里，各地不同种属的鹦鹉螺生长线的数目也大体相同，数一数它们的生长线，亦与那个时期太阴月的天数相吻合。比如，6950万年前的鹦鹉螺化石，它的生长线是22条，而当时月亮绕地球一周也只需要22天；3.26亿年前，太阴月的天数是15天，而那个时期地层中的鹦鹉螺化石也只有15条生长线。

天文学家曾提出，月亮再不愿与地球为伴侣了，正一点点挣脱引力的羁绊，悄然扬长而去。月亮与地球的距离正在一点点拉远，绕地球一周所需要的 太阴月时间也在变长。而这些海底的鹦鹉螺，分明成了月亮远去过程的一部备忘录。一个是太空中的星体，一个是海底的软体动物，竟有如此精确的联系，实在是无法解释的谜。面对茫茫宇宙，我们显得过于无知了。

无知却强做真理的拥有者，一度是人类采取的态度。人类曾为天体间的关系争论不休，这种争论甚至辅之以绞架和烈火，向真理接近的每一步都有淋漓的鲜血。想一想便会发现，这些争论都是人类血腥游戏中的一种，丝毫没有影响宇宙的法则，只是更加暴露出我们的无知，以及在无知驱使下的残暴。相反，倒是这些海底的低等动物，默默研究着月球远去的步履，平和而安详地做着记录。

鹦鹉螺的存在，是对人类的一种嘲弄。我们在鹦鹉螺的面前只有自惭形秽的权利。

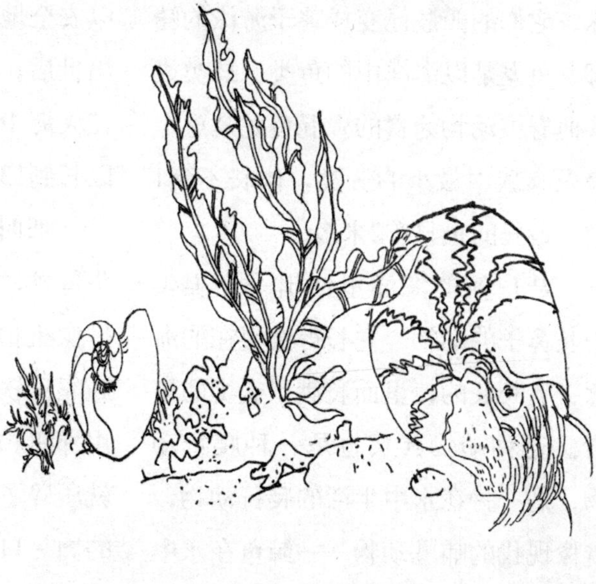

鱼龙

在我国古代美丽的神话中，大海里住着龙的家庭。美猴王孙悟空从东海龙王那里借来了镇海之宝——金箍棒做武器。但实际上龙是不存在的，它只是人们想象中的一种动物。

人们发现在距今2.3亿年前的远古海洋里，就开始有鱼龙了。在盛产茅台名酒的我国贵州省茅台地区，就发现了这种原始的鱼龙——混鱼龙。它头长、脖子短，身体像现在的海豚。它们的四肢已变成善于游泳的鳍脚。鱼龙是以海洋中的鱼类、蚌类或其他脊椎动物为食的。混鱼龙是整个鱼龙家族中最小的一类，体长不到1米，最长的也只有2米多。

从广阔的海洋里钻出一个尖尖的长鼻子的动物，它长得像现在的海豚，嘴长长的，里面长满了尖尖的牙齿。这种动物其实也是一种爬行动物，是一种在水中生活的爬行动物，就像现代的哺乳动物——鲸鱼在水中生活一样。这种动物的名字叫鱼蜥，或者叫鱼龙。你看，它的四肢为了适应水中游泳的生活已经变成非常结实的鳍状，而且尾巴也变得像鱼尾巴一样了。鱼龙的身体是流线型的，像鱼一样，但它不是鱼，因为它不是用鳃呼吸，而是像当时陆地上的爬行动物一样，用肺呼吸空气。而且鱼龙也不像鱼那样在水中产卵。相反，鱼龙妈妈把卵留在自己的身体里，这样就可以安全地把卵孵化出来。它们的孩子出世后，终生都生活在海洋里。它们在大海中过得非常自在，有些鱼龙可以长到13米多。

那时的海洋里还生活着一类短头鱼龙，它的头短而粗，嘴里长着几排像纽扣似的牙，原来它是生活在海底靠吃软体动物为生的短头鱼龙。它用那纽扣般的牙齿，“咔吧”一下子就压碎了软体动物的壳，把里面鲜嫩的肉一口吞到肚子里。短头鱼龙头虽然小，但个头却不小，它的四肢比同时代的其他鱼龙都要长很多。有的短头鱼龙能长到10～14米，比起混鱼龙来，它可是“彪形大汉”了。

鱼龙大家族中最常见的就是生活在1.5亿年前的真鱼龙了，我们常说的典型的鱼龙就指的是它。它的身体为流线型，皮肤裸露，很适于在水中游泳。它长长的脑袋，鼻孔长在头上方，嘴里长满了又尖又大的牙，最多可达200个。鱼龙有两只大眼睛，还长着一种叫巩膜环的保护眼睛的结构，这说明鱼龙的视力很强。它的听力也比其他爬行动物好。难怪有人夸它是“眼观六路，耳听八方”的海中霸王呢！

鱼龙是怎样在大海中遨游的呢？是像鱼，还是像海豚？科学家告诉我们，它游起来更像现代的企鹅。几年前，在英国的一个博物馆地下的采石场里，发现了一些鱼龙化石，有脖子、前肢和尾巴。经过仔细的研究，发现鱼龙是用前肢做“定向舵”，用大尾巴做推动器。如果它想缓慢游动时，就用两个前肢划水，如果要快速前进时，就使劲地摇动大尾巴，像箭一样，划过水面，飞驰而去。

发现第一具“龙”骨架的是英国的一个12岁的小女孩玛丽。这个漂亮的小姑娘的家在海边。小玛丽常帮助父亲到海边的岩石中去收集海贝化石，他们在游客聚居区以卖化石为生。1811年的一天，玛丽在岩石中发现了一个奇怪动物的骨骼，它像是一只曾生活在海洋中的一种古代爬行动物的化石。经过科学家的研究，证实了这件化石确实是一种海生爬行动物的遗骸。它死后骨头被泥沙埋在海底，变成了岩石中的化石。不知过了几百万年，海底的岩石被抬升了很多米，露出了水面，在日晒雨淋的风化作用下，一部分岩石破碎了，形成了今天海边的峭壁。而这个古代海洋中的爬行动物骨架恰好是在这个峭壁的表面，结果被幸运的玛丽发现了。后来当科学家们把这些骨骼化石拼在一起的时候，才知道这是一只已经灭绝2亿年的鱼龙化石。

玛丽发现的这个化石叫什么呢？当时科学家们都用拉丁文或希腊文给动植物起名字。因此，这个化石也不例外，给它起了个“I chthyo saurus”的名字，“I chthyo”在希腊语中是“鱼”的意思，而

“Saurus”是希腊文的“蜥蜴”。所以早期的古生物学家把它翻译成“鱼蜥”。后来才被改叫鱼龙的。

绝大多数爬行动物都是卵生的，就是说它们大多靠生蛋繁殖后代。一般的爬行动物都把蛋下到沙子里或自己的窝里，而鱼龙却不同，它们不能在水下产卵，也无法爬到陆地上产蛋。那么，它们又是怎样生殖的呢？

140多年前，人们在岩石中发现一具十分完整的巨鱼龙化石。奇怪的是，大鱼龙的肚子里还有一条长得非常相似的微小鱼龙。那时，一些人认为是大鱼龙吞食了小鱼龙，后来，科学家们在德国的霍耳茨马登附近发现了300多条鱼龙的骨骼化石，除了数量众多的鱼龙骨骼和皮肤化石外，还意外地找到了一些腹中带有幼体鱼龙的雌性鱼龙骨架化石，这样的骨骼标本共有20多具。

鱼龙“公墓”里发现的所有成年雌性鱼龙的体腔中几乎都有小鱼龙。甚至在一种名叫四裂狭鳍龙的雌龙腹腔中找到4条小鱼龙。其中有3条在体腔内，1条刚要出世。它的身子在体外，而头却在妈妈的肚子里。大自然的石化作用将鱼龙的生殖情况如实地记录下来，通过对这些标本的研究，科学家的认定，小鱼龙出生的时候并不是很快地离开母体的身体，在分娩时，小鱼龙的尾巴首先渐渐地由母体伸出，但整个身体并不出来，一直到小鱼龙已经可以使用尾鳍和鳍脚的时候为止。快生下来的小鱼龙个头较大，一条3米长的雌鱼龙所生的孩子可达0.5～0.7米。

海星

每当夜幕降临，明月当头，夜空中总是繁星点点，摄人心魄。其实，当你走近大海时，你会发现，海洋中也有众多的星星，那就是海星。

海星没有头却有口，它的“头”可临时配备，它的口很小却可以吞下比自身大数倍的猎物；它有着美丽的外貌却也有残忍的本性；它具有变幻魔术的本领，可把自己的身体变一、变二、变三、变四……它是渔民咬牙切齿的敌害，可却是科学家的宠儿；它是海洋中最古老的动物，却是人们心目中的年轻伙伴……

渔民们常把它晒干成串悬在渔船尾部，外行人一见它常喜欢抚弄它，把它比做海带、紫菜那样的植物。其实它是动物。国外人们把它称作星鱼，星即五角星形，鱼即是海生动物，“星鱼”的叫法似乎挺形象化，但不科学，其实海星与鱼是风马牛不相及的。在动物分类上，它是棘皮动物，是海洋里常见的无脊椎动物。上古时代海星就已经成了海洋生物的象征了，早在4000年前古希腊的壁画中，海星作为海洋生物的代表已被绘制于壁画中。

观察一下海星的外形，可见除了圆盘留存中间外，余下的就是五个爪子样的腕手。海星既然是动物，理该有个头，可它的头在哪里呢？人们是难以觉察的。科学家对它进行了长期观察，发现它的五个腕手，动作很不协调，其中总有一只腕手，老是在那里不停地伸缩，显得特别忙碌。原来这只忙碌的腕就是它的“头”。由它来支配其他器官。如果把这个“头”砍掉会怎么样呢？经研究发现这个“头”被砍之际，其他几个腕都警觉起来，一旦“头”被切除，其中一个腕即成了临时的“头”，起着支配一切的功能。这种奇特的换头术，说来奇怪，其实从生物进化的观点看也不足为奇。凡是低等动物，例如蚯蚓等也都有这种奇特的功能，科学家认为这是自然淘汰的规律在起作用，越是脆弱，易受伤害的动物，其再生的本领也就越强。

海星的腕，堪称万能，有说不尽的用途，行动时以腕代脚引身前进，腕的末端既有“眼睛”的视觉功能，又有“皮肤”的触觉功能，它能对迎面而来的水流和温度的变化做出灵敏的反应，它能前、后、左、右、上、下任一方向行动，一旦捉住活物，五个腕又可像爪子一样紧紧把活物抓住，死不放松。小鱼和贝类动物是海星的理想食物，牡蛎、贻贝等贝类动物，尽管有一身硬质的盔甲，但照样难免成为海星的囊中之物。

说起海星吞食硬外壳贝类动物的过程也是挺有意思的。当海星慢条斯理地遇见贝类时，即刻运用它万能的五个爪子紧紧抓住贝类的外壳不放。海星没有大的颚齿，又没有像蟹那样的螯钳，贝类那硬质的外壳，海星是吞不下的。可它另有一套本领，以“时间”来消磨对方，它长时间地抓着贝类，造成一个真空的环境，使囊中物深感缺氧窒息。同时，海星还施放麻醉毒液，经这样长时间的窒息、麻醉，贝类那紧闭的双唇不得不张开喘气，于是海星马上将肚子里的胃翻出来当嘴唇，伸进壳缝，不久一顿美餐入口了。科学家估计平均一只海星一天之内连吃带损害的牡蛎(即蠔)可达20余个，可见其残忍的食性。当海星大量汇集时，常常肆无忌惮地残害人们辛苦养殖的贝类动物，还会吃掉鱼的饲料，从而造成该区域鱼虾类大量减少。渔民们都把它比做瘟神，有时捕捉到海星，即刻砍为几截抛入大海，却不知这恰恰造成了大量的再生海星。

因为海星的每一条腕都是一个半独立的机体，都有自己的运动、消化、繁殖和排泄器官，这种结构使海星的断臂只要带上一部分中心圆盘的残骸，就可生长成一个新海星。有的海星本领更大，只要一截残臂，就可长出一个完整的新海星。

海星的这种巨大的再生能力，渔民们是讨厌的，而科学家却非常地偏爱它，它的再生本领可以给人们以新的启示，若干年后，海星再生的机理一旦运用于人类，断臂再植将成为一项极其普通的事情，不必像现在那样，医生要连续十几个小时在显微镜下做着极其细微的手术。为什么这么说呢？科学家曾对海星与人的细胞结构做了研究比较，发现大家都有一种储备细胞(即干细胞)，储备细胞内都有完整的遗传基因。不过海星可以借助这种遗传基因，轻而易举地培育出各种器官的新细胞，从而组成新的海星，而我们人类的这种遗传基因，却只能起弥合伤口组织的作用，不能形成新的器官。于是，科学家们认为，既然人类与海星一样具有再生整个机体的遗传基因，从理论上讲，人类也应该完全具有或接近海星一样再生整个机体的功能。现在已成功运用的克隆技术，即是一个证明。科学家们正在为这一预言做着艰苦细致的研究工作，或许若干年以后，预言将真的成为现实。

海星在食品工业上也有贡献。在日本，已把海星的提取物用来制作味精；还把它的内脏制成酱，很受消费者的欢迎。长期以来，海星被列为养殖业的敌害，但近年来，科学家们在试验中发现，海星的主要食物，并不是贝类动物，而是一种叫藤壶的动物，这藤壶是养牡蛎的敌害，海星竟能助人除害，这是否功大于过，或功过参半呢？说不定海星还真像麻雀一样，在当年被列为“四害”，其实是蒙受了不白之冤。这些，都有待人们去进一步研究证实。

可见，数千年前存在于世的古老动物海星，至今还是人们研究、了解的新伙伴，相信随着科学技术的不断发展，海星将给人类带来更多的实惠和贡献。

海獭

海獭主要生活在白令海和加利福尼亚沿岸。这是一种相貌与水獭很相似的动物，与水獭比较起来，海獭的体型要大些，体长约100～120厘米，体重达20千克，整个身体像一个圆筒，尾巴比较短，约30厘米。海獭的后足非常发达，又短又宽，趾间有蹼。它耳朵的位置特别低，基部位于嘴角的水平位置。又短又钝的吻部长有白色触须。头部的毛色呈浅褐色，身体的毛色为深褐色。

在食肉动物中，长期栖居海洋中的动物并不多，海獭算是其中之一。海獭具有顽强的生命力，它不像海豹具有厚厚的脂肪，可以抵御冬天的寒冷。在北太平洋冰冷的海洋里，为了保持身体的热量，它需要不停地运动，不断地进食。除此之外，它浑身上下极好的皮毛帮助它度过严冬。它的毛皮不仅极其致密保温，而且还能把空气吸进毛里，形成一个保护层，使冷水不能接近皮肤，寒气不能侵入。海獭皮毛的这种特性，使其价格在兽类皮毛中首屈一指。

海獭一般在浅水中觅食，主要以海胆、海蛤为食，也吃石鳖、鲍鱼、乌贼等。即使在波涛汹涌的海岸，海獭也照食不误。它能准确地判断两次海浪冲击的间隔时间，并且把握时机，从岸边的礁石上把贻贝一个个地揪下来。当前一个浪头拍岸后，海獭及时地跳上岸，忙碌着挑选食物，在下一个浪头袭来之前，它又急忙跳进海里。这种大胆、谨慎、准确的运动是其他动物所不及的。

不仅如此，海獭还是一种非常聪明的动物，它可以借助工具达到自己的目的。每当它潜入海底，捞到几枚海蛤，就把它们塞入肚皮褶里，然后再拾起一块石头，浮上水面，或者在浅水中、海滩上先选好石头，并将拣来的石块夹在腋窝下到处“周游”寻找食物。取食的时候，海獭或仰面浮在水面上，或仰卧在地上，将拾到的石块平放在腹部，用前爪紧紧抓住猎物在石块上敲打，直到打碎硬壳，吃到鲜美海味。令人惊奇的是，人们发现海獭所选的石头全部为方形或长方形的扁平石块，很少“选择”圆形的石头。道理很简单，圆形的石头容易从海獭的腹部滚下来，而扁平的石块却能稳定地放在它们的腹部，海滩上的石头多半是圆溜溜的鹅卵石，扁平的石块十分难寻。这说明海獭不仅会使用工具，还会选择工具。

一般情况下，海獭喜欢群居，与其他动物不同的是，它们喜欢和自己的同性伙伴在一起。雄性海獭内部之间偶尔发生争斗，但冲突不会持续很长时间。多数情况下，海獭们在一起，相互嬉戏、打闹。

繁殖期间，一对对有情的雌雄海獭离开各自的群体，寻找僻静、不受干扰的地方，建立自己的安乐窝。但是海獭只是3日夫妻，当它们交配之后，雌海獭便离开它的丈夫，回到自己原来的队伍中。

怀孕的雌海獭需要9个月的妊娠期才生下小海獭，这时候已经是冬末

春初。刚刚来到这个世界上的小海獭浑身布满浓密的绒毛，它不需要母亲的帮助，可以独立地在水中漂浮。在母亲的指导下经过艰苦的训练，小海獭掌握了潜水、捕食的本领，不久就可以去寻找食物了。

在所有的兽类毛皮中，海獭皮十分贵重，一件海獭皮大衣价值数万美元。这使海獭曾一度遭受大量捕杀，种群资源受到严重破坏。20世纪20年代，太平洋各岛上的海獭已所余无几，后因美苏等国的保护协议，才使其数量有所回升。目前许多国家已经开始饲养海獭并进行人工繁育方法的研究，而且人工饲养海獭也获得了成功。

鲎

说起大熊猫，几乎没有人不知道它是国宝，是活化石，是从远古留下的客人(应该说是主人)。其实，海洋中，也有众多的活化石，鲎就是其中之一。据科学家们研究得知，远在泥盆纪，鲎就出现在这个世界上了，经历了4亿年，仍保持原始生物的老样，你说它是不是“活化石”？是不是远古留下的客人？

鲎长得怎么样呢？是否和大熊猫长得一样可爱？有一则谜语说得好，头戴钢盔，尾如利剑，两眼朝天，十脚着地，看来如坦克，吃来像蟹味。这便是鲎(音候)。

住在海边的人经常可以见到这种海洋动物。很久以来人们一直对它不屑一顾，即使捕捞到它，也往往随意扔回大海。它身上没什么肉可吃，有时也有利用它的壳来当水瓢用的。然而近年来这种古怪的动物，日益受到人类的器重，以致成了人们最心爱的朋友。因为它无私地把“秘密”献给人类，使人类的文明跨进了一大步。

现在，电视机已深入到千家万户，是人人离不开的东西了。事实上，当我们坐在电视机前，能清晰地看到电视画面，就得感谢鲎，正是它给人类带来了赏心悦目的屏幕效果。我们知道动物大多只有两只眼睛，而鲎却有4只眼睛，在头胸部正中线的前端，有两个较小的单眼；此外在头胸部中间两侧还各有一只复眼，人们感兴趣的便是鲎的复眼。

鲎的复眼中有800～1000个小眼，每个小眼的神经纤维之间，有着许许多多的侧向神经联系，形成了神经网络，这个网络被称为“侧抑制作用”。正是由于这侧抑制作用，使各小眼对光线的反应特别灵敏。使鲎能在昏暗环境中清晰地观察外界物体。

这一“侧抑制作用”原理，被应用于电视或雷达系统，就大大提高了电视图像的清晰度，提高了雷达显示的灵敏度。依此原理科学家研制出多种电子仪器，对X光照片、航空照片等进行技术处理，可以得到良好的图像，清晰度也大大提高；因此我们说鲎的复眼给人们带来了一个划时代的成果。

除此之外，鲎还在医药事业上给人类带来另一个进步，这便是它那与众不同的血。我们知道一般动物的鲜血均是红色的，红细胞输送氧气，排出二氧化碳；同时又通过白细胞与入侵的细菌作对抗，捍卫着生命。而鲎的血却是蓝色的，据测定鲎血中没有红细胞、白细胞和血小板，只有0.28%的铜元素。它是由单一的细胞所组成的，故血液是蓝色的。正是由于血液由单一细胞组成，因而鲎是很脆弱的，遇到细菌便一触而溃。鲎的这种对细菌感染极为敏感的习性，作为一种医药检验用品，是最好不过的了。利用鲎血来做试剂，可以快速而准确地检测出测试物是否有细菌的存在。

在医药上鲎的蓝色血液还有其他多种用途。例如检验内毒素的中毒情况以及检查药物中的热原等。总之，鲎血可谓一宝，在医药上用途非常大。

鲎的家庭生活很有意思，在浅滩你只要留意一下，可发现一大一小的鲎，在沙地上筑巢做窝的情景，上面那小的便是雄鲎，而压在下面的那大型的便是雌鲎了。只见雌鲎背上驮着自己的丈夫，蹒跚地爬行，雄鲎用脚钩住雌鲎，双双一起出入海中或是沙滩从不分离，你只要捉住压在上面那只雄鲎，此时它总要抓住雌鲎不放，而雌鲎也不会弃夫而逃，于是便双双落入人手。

每年农历五月，天气渐热，水温上升，鲎便成群地从海底游向沿岸沙滩处挖穴产卵，一到暮秋时节又成群地由浅海游向大海海底过冬。我国仅产有一种，称为中国鲎，主要分布在祖国的南海，东海也有少量。

鲨鱼

说起鲨鱼，人们立刻就会想到那吃人不吐骨头的大白鲨来，单那张血盆大口和根根利剑般的牙齿，就足以让人望而却步了。

其实，鲨鱼可是有资历的长老，是古老的种类。同时，还是典型的软骨鱼类。

据化石资料记载，鲨鱼在地球上出现已有3亿多年的历史，只是由于它流线型的身体，特别适应海洋的生活。因此，3亿多年间，它的外形仍保持着“靓仔”的健美体型，没有发生多大的变化。

世界上已知的鲨鱼有250种，最大的是鲸鲨，它的体长约20米，重量达20吨。在海洋里的所有鱼类中，属鲨鱼个体最大，是真正的鱼类巨无霸。

鲨鱼的脑很小，智慧不高，而且记忆较差。由于鲨鱼眼睛的视网膜上布满感光细胞，视觉细胞却很少，所以它在暗处能分辨出东西，而在光亮的环境中反而看不清。

鲨鱼听觉不算灵敏，但身体的侧线，可以感知水的压力和波动。它能感受二百多米以外的鱼类在水中游动，也能感觉出游泳者引起的水波变化。

鲨鱼对血腥味非常敏感，只要水中有少量血腥味，便可以引来鲨鱼。

鲨鱼体内没有鱼鳔，由于没有这种气囊，无法帮它在水中升浮，所以它要靠不停地游动才能保持身体不至于沉到海底去。也有研究表明，鲨鱼没有鳔，却有很大的肝脏。例如一条3.5米的白鲨重210千克，肝的重量就有30千克，鲨鱼的肝脏依靠比一般甘油三酯轻得多的二酰基甘油醚的增减来调节浮力。三峰锥齿鲨吸入空气，从而把自己的胃变成“压水舱”，用来调节浮力。

鲨鱼不断游动的另一个原因是，由于它的呼吸系统缺乏抽水器官，只有不断地向前游动才能用鳃吸取水中所含的氧，停留过久就会窒息而死，所以大多数鲨鱼从出生便游动，一直到死。

鲨鱼的游泳速度相当快，最高时速可达20海里，这对它的攻击取食很有利，一般猎物很难逃脱鲨鱼地追赶。鲨鱼觅食一般取易不取难，它专门攻击老弱、愚笨或受伤的动物，所以鲨鱼在海洋鱼类进化方面起着积极的作用。

除鲸鲨摄食浮游生物外，所有的鲨鱼都是肉食性的。它们主要食鱼类，并且以较大鱼类为主，而有些鲨鱼，如大白鲨，爱吃哺乳动物，如鲸、海豹、海獭等。虎鲨有时甚至吃海鸟、垃圾、人类残骸、罐头、煤块。

鲨鱼的肝脏富有各种维生素，所含维生素是制造鱼肝油最好的原料。

鱼翅，主要是由未加工或经过加工的鲨鱼鳍制成。由于它翅筋多，骨质少，颜色正，条细如丝，晶莹洁白，食之柔软滑爽，回味无穷，所以是各种宴会上的海味珍品。鱼翅营养

价值很高，特别是它含大量胶原蛋白，另外还含有大量钙、磷、铁等多种矿物质，是高级滋补品，对人体有补气、补血、补肾、补肺及医治虚痨等功效。

利用鲨鱼软骨还可以制造人造皮肤。美国波士顿研究人员曾宣布，他们可以用牛皮、鲨鱼软骨和塑料三种成分合成人造皮肤。这种人造皮主要由两层皮构成。里层是由从牛皮中提取的蛋白质和从鲨鱼软骨中提取的合成碳水化合物组成。这两种成分与酸性溶液混合，变成短胶原性纤维，经冻干和真空处理除水后，形成一种薄且有高度渗透力的白色片料。外层是一种黏性塑料，将其压在牛皮——鲨鱼薄片上，最后将合成皮冻干。这种人造皮可避免人体排异性，伤口愈合后几乎不留什么瘢痕。而且人造皮光滑、柔韧，摸上去如同真皮。

近些年来，科学家们正在探索从鲨鱼体内提取一种物质，用来制造抗癌药物。科学家们在研究鲨鱼的过程中曾给鲨鱼注射大剂量的化学致癌物质，即使这样，鲨鱼身体也不会形成肿瘤。对此科学家们提出了种种假设，一些科学家认为，鲨鱼体内大量的维生素A保护了它们；另一些科学家则认为，鲨鱼不生癌，是因为它们体内含有活性酶，而其他动物的活性酶已在进化过程中逐渐消失了。如果这个假设能得到证实，同时又能够成功地找到这种酶，那么，人类就找到了非常有效的抗癌药物。

贻贝

随遇而安，辞海上说其意是能适应各种环境，在任何环境中都能满足。当然，这只是说人的一种境界，不过在自然界中，还真能找到这种动物，海洋中的贻贝就是其中之一。

古曰："东海夫人，生东南海中，似珠母，一头尖，中唧少毛，味甘美，南人好食之。"这"东海夫人"可不是高贵的人物，而是一味廉价的海味食品，名字叫作贻贝。

说贻贝，大多数人或许比较陌生，说淡菜大家就熟悉了，食杂商店到处可见；这淡菜便是贻贝的干制品，就像虾米是虾的干制品，蚝豉是蚝的干制品，干贝是扇贝的干制品一样。由于新鲜贻贝不易保存，在市场上常以干制品淡菜出现，于是人们熟悉淡菜，而不熟悉贻贝。

贻贝与牡蛎一样，也是南海沿岸最常见的养殖贝类之一。

贻贝营养丰富，从综合营养系数来看，如果把鸡蛋的营养指数比做100的话，那么虾的营养为95，牛肉为80，而贻贝则为98，仅次于鸡蛋。我国的水产科研部门也曾对贻贝做过测试分析，认为人体必需的8种氨基酸，贻贝一应俱全，其中与婴幼儿发育生长密切相关的3种氨基酸，甚至超过全脂奶粉的含量；此外，贻贝的饱和脂肪酸的含量比猪、牛、羊等畜肉低，因而这样的食品对防止动脉硬化有利，所以贻贝可以说是老少皆宜的食品。据最近科学研究发现，淡菜里还含有一种肝糖，对促进人体新陈代谢很有帮助，可见淡菜的营养价值是很高的。

贻贝不仅有丰富的营养，而且还有很高的药用价值，在我国唐代的《本草拾遗》，宋代的《食疗本草》以及明代的《本草纲目》，都先后对贻贝的药用价值做过记载，称贻贝可治虚劳伤惫、精血衰少等症，称之为“补虚养肾之药也”，对盗汗、眩晕及高血压等症有效。

国外的一些医学专家，在研究了太平洋中部波利尼西亚群岛渔民的健康后，发现当地的气候十分潮湿，而那里的人却很少有关节炎、风湿病。经调查发现，原来当地人有食鲜贻贝的习惯。

于是科学家们对在潮湿环境下工作的人进行试验，试验结果表明，食用贻贝一段时间后，100例病人中有72例病人的风湿疼痛感到有不同程度的好转；贻贝的这种药用价值，能否对那些因潮湿而引起风湿骨痛的人们有所启迪呢？

如果要翻阅一下贻贝的药用历史，在20世纪30年代曾有过光辉的一页。那时医生对于小儿患软骨性疾病几乎束手无策，这是因为缺乏维生素D所致，维生素D在蛋黄中较多，可这远远满足不了药用的需求。于是科学家们从贝类中，特别是从贻贝肉体中提取，经紫外线照射处理，得到了维生素D，从而解决了当时的这个难题。

讲了贻贝的营养和药用价值，现在还是让我们简单地了解一下贻贝在海洋中的生活史吧。贻贝生活在浅海滩深处，属贝类中的双壳类，它的分布范围和总产量仅次于牡蛎而居第二位。

贻贝的身体构造与牡蛎类似，

不过贻贝的两个贝壳左右对称，不像牡蛎左壳稍大、稍凹，而右壳略小、略平。

由于长年来一直生活在泥沙中，头部及其上面的一些器官随之退化消失，唯一发达的便是它的足，贻贝的足除了用来慢慢地移动身体外，主要用来固着身体，它是靠足丝固着，在浅海海底的岩石或沙砾上过着穴居的生活方式，贻贝身上没有任何捕捉食物的器官，依靠摄食周围海水内的藻类植物为生。

贻贝的繁殖能力极强。对于大多数双壳类而言，它们的性腺只分布在消化腺的外围，而贻贝的性腺还延伸到腹嵴和整个外套膜上，这就使它的性腺较之其他双壳类增加好多倍。贻贝没有交配的生殖器官，每当繁殖季节来临，公贝和母贝便大量排精和产卵，卵在水中受精后逐渐变为幼虫，幼虫浮游在海水中，过着颠沛流离的生活，自生自灭。

贻贝的排卵量可高达1500万粒，由于大量繁殖，常常固着在船底或是沿海工厂的抽水管上，由此而影响船的航行速度，堵塞水管管道，所以贻贝有时又成了人们不欢迎的东西。不过贻贝毕竟是功大于过，是人类重要的养殖对象。贻贝养殖方法基本与牡蛎相近。

贻贝的种类在我国约有30余种，比较有经济价值的有3种，紫贻贝主要分布在辽宁、山东等地，厚壳贻贝主要分布在江浙沿海，翡翠贻贝主要分布在南方的福建南部、广东、广西和海南沿海。翡翠贻贝与其他两类相比，肉质肥，味鲜美，而且外壳也相当美丽，呈翠绿色，因而常被用作雕刻工艺品用料。

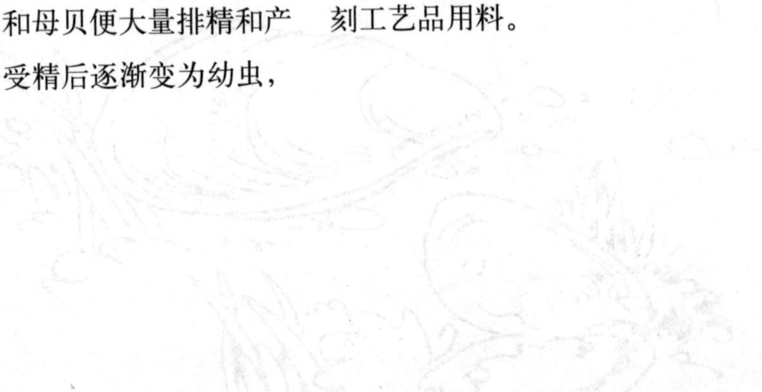

海马

在琳琅满目的中药店里，时常可见到一味并不出众的药材，像马头似的头，尾巴却像猴子那样卷曲着，全身披着骨片，凸起的胸部，短短的身材。别看它其貌不扬，价格却是出奇的高，这是什么药材呢？内行的人一看就明白，这就是海马。与大多数中药材不同，海马并不是植物，而是生活在海洋里的一位地地道道的鱼类。

海马虽是鱼，但与鱼又有不少相异之处，大家知道鱼是横着身子，靠尾巴的摆动来游泳的，而海马则是靠胸脊和背鳍的扇动，尾巴再一伸一屈就前进了，并且是直立式的行进，这点还真像骏马奔驰时的雄姿。远离海边的人一听到海马，大概以为与陆地奔驰的骏马一样，神速如电吧！其实海马既没有骏马般的快速，更没有骏马的高大身躯，体长才不过10厘米左右，至于它的游速更是慢得出奇。唯一可以解释的是它的头部酷似马头，海马由此得名。

不过在希腊，人们把海马称作马虫，虫即小而慢速的意思，看来叫“马虫”，还是比较恰当的，真还恰如其分地表达了海马的特征。在海洋世界里，可谓悍匪林立，海马这位既小又迟缓的小动物是如何生存的呢？其实，它凭借自己生存的绝招，照样占据海洋中的一席之地，世世代代生生不息。

讲起海马的绝招，首先要谈它的拟态本领。所谓拟态，就是因时因地的变态。平时在海洋世界里，海马都呈深灰色，披着一件或红或黄或蓝的背心，一旦遇到敌兵，因体小力微，无法与敌相对，只能以变色的本领，即刻把自己的体色，变成与周围海藻、岩石极近似的颜色，并在骨节上长出树枝般的绒体，水中微微摆动，活像一种海藻类的植物，待之海中。对于那些吃荤不吃素的大动物，即使再敏锐的眼光，也难以区分真伪。真玄哪！总算在强敌眼皮底下捡回了性命。海马常靠这种拟态本领死里逃生，并常常吉星高照，遇难呈祥。

海马虽体小力微，行动极其迟缓，可它的两只眼睛却是特别灵活，可谓别具特色。这两只眼睛好似立体眼，当一只眼观察水面时，另一只眼则可以同时观察水底，两只眼睛观察两个不同的方位，各行其道，互不影响。这种“立体眼”的绝招，在其他动物中是极其少见的。作用不言自明，自然是一边观察敌情，一边寻找充饥的食物。这种大自然恩赐的本领，是海马能顽强地生存下来的一个基本条件。

当然单靠这两个绝招，它还会因挨饿而毙命。海洋可供食物有时也相当贫乏，于是海马练就了第三个绝招，就是耐饿本领。海马是以小型甲壳动物及浮游生物为食，利用鳃盖和吻管的伸张活动，将游到嘴边的食料吞入口中充饥。由于它的游速慢得出奇，因而只能吃到些“窝边草”，远

离身边的食物它是鞭长莫及，这样它得经常挨饿。不过，不用担心，海马可以4个月时间不进点滴食物，照样能生存下来。这一点，除了某些有冬眠习性的动物，可以数月甚至成年不进食外，海马这种没有冬眠的动物，却能在任何时候都可以长时间的挨饿不进食。就这一点来说，海马应算作动物界中耐饿动物的佼佼者了。

大自然造就了海马这三个绝招，也就为它的生存奠定了基础。海马还有一绝，与它的生存好像难以联系，不过这一绝也相当奇特。这就是它们的生儿育女，全由父亲承担，母亲一概不管，一个实实在在、典型的父系社会。父亲生儿育女在自然界该是比较罕见的吧！

说起海马的恋爱生育史确实挺有意思，早在恋爱阶段，海马与一般动物就有不同，它一反常态，是雌性追求雄性，生殖季节来临，雌、雄海马在经过24～48小时长时间的“恋爱”，围着圈舞蹈之后，便相互发出像打鼓那样的单调声响，相互引诱嬉闹，这时肚子的颜色从黑色变为白色，一双双互相用尾巴勾在一起，肩并肩地游往清静处，开始交配。不久雌海马从它那发育成乳头状的生殖孔产下卵子，投放在雄海马的“育儿袋”里。这育儿袋在雄海马的下腹部处，这有点像澳大利亚的特产袋鼠，当然不会有袋鼠那么明显。雌海马产完卵后，即远走他乡了，算是完成了任务。此时的雄海马担负了“母亲”的一切职责，怀孕45天左右后，小海马在父亲肚内育成了，体形小得像一个“逗点”符号，跟雄海马温存、撒娇一阵，即从袋中滚出，如一个个圆球形的气泡，从水中一直滚到水面，自行破裂后，便脱胎而出。雄海马每次可分娩50～60个小海马。初生的小海马全身透明，甚至可以清晰见到心脏的跳动，幸运的是小海马一问世，便可自行觅食，不会再劳驾它的父亲了。

海马虽是鱼类，可人们从未把它当作鱼来食用，这是因为它具有众多的药用价值，堪称名贵药材。海马作为名贵药材，古往今来都有记载。李时珍在《本草纲目》中讲，海马能“暖水藏、壮阳道、消瘕块、治疗疮肿毒。”古代把海马既可做治疗妇女难产的良药，又被当作治疗男性阳痿的良药。现代中医对它的评解是：补肾壮阳、镇静安神、散结消肿、止血催产(可治阳痿、遗尿、虚喘、化结、消肿)等，人们曾用小白鼠做过试验研究，证明海马的药用功能是多方面的，因而就有将人参和海马相提并论之说，所谓“北地人参南地海马”，海马的身价历来高出于一般药物和鱼类。正因为海马有如此众多的药用价值，又是弱者中的弱者。因而人工养殖海马，成为海水养殖的一个必然品种。

养殖海马可不是件容易事，海马在大自然中似乎是粗生粗长，一旦移入养殖地，它就成了娇嫩的动物了。它要求水质清洁、透明度大，吃的饵料也必须是鲜活现货。对于水温的要求很高，温度必须在20～30℃之间，只要水温稍有不适，或水池不经常换水，它们就会因此患病死亡。所以海马的人工养殖，只能在南方开展，还必须有一套完整的养殖技术。如何大批量养殖好海马，正是目前我国水产业的一项重要课题。

金枪鱼

飞毛腿，是民间和古代小说中对日行千里、夜走八百的奇人的称谓。其实海洋中也有飞毛腿，那就是金枪鱼。

金枪鱼是大洋性鱼类，它广泛分布于世界各大洋的热带、亚热带和温带水域，金枪鱼的生产国家多达60余个，已成为一种世界性的渔业。

金枪鱼个体大、骨刺少，一般的金枪鱼每条都有几十千克到上百千克，最大型的金枪鱼体长超过3米，体重可达500千克～700千克，体形呈纺槌型，骨刺极少，除了头部和中间脊椎骨外几乎都是肉。我们中国人吃鱼，往往喜欢连头带尾原条的鱼清蒸或红烧。在欧美就不同了，他们并不吃鱼刺和鱼头，喜欢去头去尾去内脏，只留纯鱼肉，这样金枪鱼就成了他们理想的鱼产品了。

另外，据学者们测定表明，金枪鱼的营养相当丰富。它的蛋白质含量比牛肉还高，维生素含量也相当丰富。金枪鱼还具有壮阳补肾的作用，能治阳痿，与海虾类具有同等功能。

人们是如何捕捞金枪鱼的呢？常见的海洋鱼类，它们大多栖息于海洋底层，人们常用拖网的网具来捕捞。我们稍注意一下市场上的黄鱼就可发现常有鱼鳔含在嘴边的情况。这是由于海底与海面的压力差所造成的。可金枪鱼是栖息于海洋的中上层，而且它的游速很快，时速可达36千米，而一般拖网的拖速却只有3～5千米，无论如何是捕不到的，于是人们常采用一种钓的方法。

在鱼群密集之处，一艘艘才几十吨至近百吨的小渔轮，从船上用探鱼仪测出鱼群后，几个熟练的渔民随即把原先准备好的沙丁鱼、鱿鱼等小鱼撒向海面，紧接着十几个喷水筒或者用水泵向船舷外海面频频喷水，密密的水点激起细碎的波纹，波纹与小杂鱼混杂在一起，贪吃的金枪鱼马上会密集起来。金枪鱼的视力特别好，有时候从船上投下不过3～4厘米的小鱼，它就会马上发现而追赶捕食，渔民正是根据金枪鱼的这一贪食特性而采用上述方法捕捞它的。此时渔民在船舷旁一字排开，稳坐钓鱼“台”，过不了多久一条条几千克的小型金枪鱼随竿而上。有时为了捕钓上百千克的金枪鱼，还需把钓钩同时用两三根线连在一起，与两三根钓竿相连，鱼一咬钩，两三人同时用力，一条上百千克的金枪鱼就迎钩而上了。这就是渔业上的竿钓作业。这种竿钓作业与我们在公园垂钓几乎一样。

还有一种大型的钓叫作延绳钓，你见过公园垂钓的渔竿吧，一根长长的竹竿，头上连着一根线，线下挂着一个钩子，钩上串放鱼的饵料就可放入水中了。延绳钓的结构同一般垂钓类似，一根母线就好像竹竿一样，母线下面连着好多支线，支线下面挂着鱼钩，就好像一根钓竿下面悬挂着好多钩一样，不过延绳钓的规模要大得多了，最长的可达100～120千米，一般的也有几十千米长。放钓时，一边

放钓一边在钩上放上鲜活或冷冻的小鱼作为饵料，也有的用贝壳、羽毛等作为“模拟饵料”，几小时放钓完毕，随风漂流好像在海上布起了一道墙一样。隔一段时间，开始收钓，钓上来的除金枪鱼之外，还有鲨鱼、旗鱼等大型鱼类，这时必须做一场人与鱼的搏斗表演。过去渔民们必须事先备好斧、刀等工具，到时就硬着来。现在人们采用“脉冲发生器”控制钓钩带电情况，使鱼上钩后，触电而死。也有的采用电标枪，1～2人在船舷旁，利用电标枪控制电路，点击鱼体头部，数分钟即可击毙大型凶猛鱼类。延绳钓作业，是一种大型作业形式，具有一套专门的捕捞技术。

捕捞金枪鱼，有些发达国家已使用围网捕捞法。围网，顾名思义就是发现鱼群后，迅速围成包围圈，然后围而歼之。这样，围网必须有高超的鱼群侦察技术，除了船用探鱼仪、遥测声呐外，还必须在空中配以飞机，甚至卫星侦察。到时空中飞机，船用探鱼仪上下配合，数架飞机与船队协同，就好像一场海空密切配合的战争一样，热闹非凡。

海牛

海牛其实并不美。如果在五光十色、洋洋大观的动物群中，评选最丑陋的动物，海牛可能会中选，它短短的鼻子，光秃秃的脑袋；圆筒般的身躯，长着稀稀拉拉的硬毛；嘴巴向下张开，上唇特厚，形成一个平的圆盘状，宛似猪的圆而平的鼻头，但比猪鼻更大些，整个头部似乎被这鼻盘所占据，鼻孔被挤到头顶上；小眼睛、毛耳朵，还长有两个獠牙；看来有点像猪，但比猪更丑。

海牛，原本是生活在陆地的居民，已有数千年的历史，由于大自然的变迁，把它们推向了海洋，远古时代人们并不了解它的本来面目，大概是它过于丑陋吧，给它冠之“海妖”的雅号。15世纪末期，伟大的航海家哥伦布在一次航海途中，偶然捕捉并品尝了它，感到肉味鲜美，有与牛肉一般的香味，而且瘦多肥少，于是就称之为“海牛”，海牛的名字也就不胫而走，直到现在。

海牛属海兽类，与鲸鱼、海狮、海豹等列为同宗兄弟，同属海洋哺乳动物，如果你剖开它的身体，可清晰地见到它胃的结构与牛胃差不多，分成四个室；此外海牛也有肺、肝、心脏、肾脏和膀胱，雌的还有子宫呢。我国的自然科学工作者，在南海捕获的一头母海牛，子宫内还孕育着一个胎儿！据科学家考证，海牛当年在陆地生活时，与象有着亲缘关系，当然这是上万年前的事了。

海牛目仅有两种，即儒艮和海牛。这二者外形差不多，只是尾鳍有较大差异，儒艮的尾鳍凹入呈新月形，颈椎骨有7个；而海牛的尾鳍突出呈铲形，颈椎骨有6个。海牛分布于大西洋的热带海域，我国还没有发现这样的种类。

一头成熟的海牛身长可达3米左右，体重500千克，在海洋世界里不能算小个子，但它秉性谦和、安详，平素喜三五成群出没。当两头海牛在一起觅食时，相互间极少因争食而殴斗，相反却常以鼻相碰以示友好，此时其中的一头海牛会悄悄离去，显示出一般动物达不到的高尚品格。平时它们也是以素食为主，海洋里的多种水草、藻类，常是它们的主要食料，有时也进食小鱼虾及小章鱼、墨鱼之类的软体动物，可它却是地地道道的“吃下去的是草，挤出来的是奶”的宝贝。

在海产食品中，海牛肉是一道公认的佳肴。但在古代，海牛的骨头比肉的身价要高得多，常由酋长以“勋章”似的奖品，赠送给作战有功的战士，特别是颈椎骨第一节环状的骨头，身价最高。获此殊荣的男子，往往把它视作宝石，戴在手腕上，有时因颈椎骨过小，戴不上手腕，此时即使硬把手指折断也在所不惜，由此海牛骨的身价可见一斑。

从现代的科学观点来看，海牛的价值的确不低，除了可供食用外，它的牙齿是高贵的工艺装饰品；海牛皮则可像猪、牛皮一样制革；它的肉还可炼取油脂，这种油脂不仅有丰富的营养，还具有可观的药用价值，可供肺病患者或体质虚弱者服用。不过海牛对于人类的最可贵的价值，在于它是人类铲除水草的好帮手。说起水草的危害可谓众所周知，若采用化学方法来除草，会同时引起新的环境污染。而海牛却显示了它特有的本领，

它本是以草食为生的，凡它游过之处，所有杂草均可以彻底清除干净。据估算，它可以每天吃掉约40吨的水草，是名副其实的水中“割草机”，受到现代人们的宠爱。

但在19世纪之前，海牛的情况却十分悲惨。

因为海牛可以带来大把的钱财，再加以海牛平时的行动也较为迟缓，又是生活于近海地带，容易捕捉。于是，就引起了一群冒险家的贪婪。要知道，海牛家庭中本还有一位成员，名叫北方大海牛，生活在白令海域一带，身高体大，长可达10米，重达5吨有余。可惜在二百余年前，已被冒险家屠尽杀绝了。如果说恐龙的灭绝是大自然的变迁所形成的话，那么大海牛的灭绝则完全是人为的。大海牛的灭绝被科学界称为世界生物史上的一大悲剧。

大海牛已经灭绝了，它的两位兄弟儒艮和海牛，也在人类的杀戮下濒于灭绝的边缘。据科学家最新估计，目前全世界海牛(包括儒艮)的总数仅10万头左右。浩大的海洋，10万头可谓是微不足道的，何况情况还在恶化中。这的确是令人惊叹而担忧的事。让我们大家行动起来，共同努力，不要再让大海牛的悲剧，在它的同类们身上再次发生。为了海洋，也为了地球，更为了人类自己，保护它们吧！

鳗鱼

鳗鱼是生长在江湖河塘里的淡水鱼类，可这种淡水鱼却从不在它生活的地方产卵、繁衍后代。每当成熟季节来临，这些鳗鱼都会成群结队地向海洋进发，此时不论征途如何艰险，都无法阻挡它们前进。在整个长途旅程中，它们甚至点滴不进，直到闯入通往大海的河川再游向大海。入海以后在哪里繁殖后代呢？这个神秘的身世之谜，一直困惑着科学家们，让他们不得不潜心研究。后来，也引起了一些国家政府部门的重视。直到1850～1860年间，科学家们才开始慢慢摸清了鳗鱼生殖的奥秘。

原来生长在淡水的鳗鱼要到5000千米外的区域生育，产卵是在深海400米处。这种非凡的本领，在鱼类中也属罕见。

鳗鱼是鱼类，在它离开江湖河塘的生活向海洋进发时，要攀登水坎、瀑布，甚至爬过潮湿的巨石、泥地。离开了水它是怎样呼吸的呢？原来鳗鱼的皮肤很薄，布满了血管，在陆地爬行时，它总是从有水的地方穿过，以保持皮肤的潮湿，而且它也能设法让湿润的皮肤尽量不过早干燥。如果你用手摸一下鳗鱼，会感到它全身非常滑润，很难抓住，这是因为它的体表能分泌黏液，保护皮肤的湿润。鳗鱼的鳞片极为细小，离了水皮肤就是第二呼吸器官，承担重要的呼吸功能。

知道了鳗鱼的身世，它的生活史也就清楚了。原来成熟的鳗鱼在经过了长途的洄游之后，体力大大消耗，一旦雌雄双方排卵受精完毕，便留下后代双双与世长辞。破膜孵出带有卵黄囊的鳗鱼仔们，像一片柳叶随波逐流，由海洋深处游到海面摄食生长，鳗鱼的产卵量可高达700万～1300万颗，其中极大部分在自然环境中死亡，平均几百万粒卵半才有1粒可生存下来。

以后身体发生变态(就像青蛙那样的变态)，逐渐由叶状发育成细长形，成了无数透明的白苗，脊椎骨清晰可见，被称为白仔鳗。白仔鳗具有双亲那股毅力，竞相从双亲来的路返回，从海洋深处到海洋表面，再游向沿海、河口。当白仔鳗抵达大陆沿海河口后便潜伏底层，在水温转暖流速减缓时溯河而上。以后在不断摄食生长中，体背色素渐渐地加深变黑而成黑苗，称之为黑仔鳗，体形也开始近似成鳗了。到了淡水池塘、湖泊便定居下来觅食成长，以后再重复双亲的生命历程，走向海洋深处繁衍后代。

我国在长江以南区域，诸如长江口、闽江口、珠江口等沿岸均有鳗鱼分布。每年鳗鱼由海洋游入河口的时期，人们就纷纷利用鳗苗趋光的习性，夜间在河口处涨潮时，利用灯光来诱捕，捕捞的鳗苗暂养2～3天，让它们逐渐适应淡水环境，随后再放到各地的鳗鱼养殖场，进行人工养殖。然而天然资源毕竟是有限的，人们寄希望于人工孵化的成功。但直到如今这项技术还没有取得成功，全世界的生物学家正在积极努力。由此可见，直到现在，鳗鱼还在扮演着一种传奇鱼类的角色。

海龟

海龟是一种浑身皆宝的动物。同时又是耐人寻味的海洋爬行动物，它与陆龟本是同宗兄弟。想当年海龟也是生活在陆地上，它们的历史可谓源远流长。与恐龙同一时代，生在地球上已有2亿余年的历史了。

海龟是长年生活在海洋中的，可每年产卵季节，它必须千里迢迢返回故里。中国的西沙是海龟的出生地之一，每年4～7月是产卵的旺季，一到深夜一两点钟，一个个待分娩的海龟，从海中爬出，探头探脑地沿岸边沙滩爬来，待爬到稍高地域的沙滩处或灌木丛中，便停下来寻找可供产卵的地方，接着便用前、后肢，熟练地在沙地上耙出前后两个坑，埋了身子开始产卵。海龟的卵就是蛋，像乒乓球一样大小，一个接一个，甚至两三个一起产下，最多可将100来个蛋产入坑内。然后雌海龟埋了沙坑，重新伪装一番，带着疲乏的身子蹒跚地返回大海，再也不去顾及这些小宝贝了。回归大海的海龟走南闯北、四处漂游，可一旦生殖季节来临，怀着身孕的雌龟，却又要千里迢迢返回故里生儿育女，它们不畏风浪的险恶，一往无前漫游数千千米也在所不惜。人们曾从标志放流牌中得知，在巴西沿岸放流的海龟，在赤道附近的阿森松岛找到它的踪迹，这其间游程达2000多千米。在中国海南岛，也发现有从英国海洋研究所放归的海龟。多么坚定的信念啊，尽管它们的故里仅有几平方千米大小，犹似沧海一粟，海龟照样能精确无误地返回。人类要做到这一点，那就非得要导航仪器以及经验和胆略不可，而海龟什么都不需要，它靠的是什么本领呢？

如果我们有机会观察海龟，从海中爬出直到产卵完毕返回大海，整个过程自始至终都充满着眼泪。流着眼泪上岸、挖坑、生蛋，又流着眼泪返回大海。如此多情的眼泪，又引起了文学家的阵阵兴趣。“分娩阵痛所致”“突然怀念大海”“不忍心离开心爱的子女”等，似乎都拟人化了，好像海龟与人一样的富有感情，其实这是一种错觉。只是近代人类在研究鳄鱼的眼泪时，才找到了海龟流泪的真正原因。

我们知道鳄鱼在咬杀别的生命时，总是一边吞食一边流泪，人们称之为“鳄鱼的眼泪”，指的是假发慈悲。其实根本谈不上“发慈悲”。大凡肾脏功能齐全的人和动物，对于体内多余的盐分，都是由肾脏以排尿形式排出，人还可以出汗把多余盐分排出体外。那些肾脏不发达的动物，它们来不及把多余的盐分从尿中排出，于是就靠一种叫“盐腺”的腺体，来完成排盐任务，鳄鱼是这样，海龟也是这样，其他还有海鸥、海燕等都是如此。鳄鱼和海龟的盐腺恰恰是在眼眶下边，这样看来似乎是动情的落泪，实际上它们正在排出多余的盐分呢！其实海龟每时每刻都在流泪，只不过在海洋里人们见不到罢了。

研究海龟、鳄鱼等流泪的原因，具有十分现实的意义，由此可以进一

步研究它们体内的海水淡化系统，一旦这个秘密被揭开，那么航行在远洋上的船舶，就可不必不厌其烦地带上大量淡水，也可简化目前那笨重而昂贵的海水淡化系统。可惜到目前为止，人们还是知其然，而不知其所以然，现在还弄不清海龟这一奇特的体内海水淡化系统的构造。

还有，海龟的生命力异常旺盛，它甚至可以饿上整整6年而不死，甚至砍掉脑袋也可活一些时间，海龟为什么有这样高超的生理机能？与绝大多数的动物相反，海龟的爱情不仅不是温馨的，反而是相当残忍的。每当雌雄交配时，雄海龟不仅不乔装打扮迎候新娘，反而把雌龟咬得遍体鳞伤，好像是在跟仇敌生活在一起。奇怪的是雌海龟也甘心情愿地接受凌辱，似乎这是应尽的义务，这又是为什么？……等等这些动物之谜也都是科学家们致力研究的问题。

海龟堪称名贵动物，全身都是宝。肉鲜美可口，堪称上等珍肴。龟板、龟掌、龟油、龟血以及一大批内脏，都是上好的补药。对于科学家来说，经驯化后的海龟，可从事海洋危险区的工作，它可以在水中连续工作几天，却不必上海面换气，比任何一种海洋动物都强，而且体大力大，远非人类可比拟。

可惜海龟命运与其他经济动物一样，海龟资源在世界范围内日趋衰退。雄海龟一入海就永远不再返回陆地，而雌海龟洄游产卵的习性，决定它们必须定时定点集中登陆，这就给捕捞者带来极大方便。近年来世界不少国家都致力于海龟的人工饲养，然而这毕竟耗资大、难度高。当前唯一能做的就是要采取各种繁殖保护措施。海龟是较容易保护的动物，只要在海龟产卵季节和场所，严格实行禁捕保护措施，杜绝人为的干扰，让海龟有一个安静舒适的产卵环境，孵化的幼龟个个能回归大海，这样若干年后就有可能使衰退的资源恢复过来。目前，我国有关部门正致力于这项工作，可以相信我国的海龟资源定会得到较好的恢复。

海蛇

追溯蛇类起源，海蛇还是陆蛇的老祖宗呢。据科学家考证，陆蛇本是生长在海里的，在距今7千万年前的中生代，由于大自然的变迁，才使大部分海蛇迁移到陆地生活，成了现今的陆蛇，少部分的蛇继续在大海生存，就成了现今的海蛇。但也有的学者认为，海蛇和陆蛇原本生活在陆地上，由于地球自然环境的变迁而再次下水，成了如今的海蛇。总之，海蛇和陆蛇出自一家。

海蛇和陆蛇，由于生活环境的不同，身体生理机能也有不同，海蛇的尾巴不像陆蛇那样细长如鞭，而是变得侧扁如桨。在海中游泳时，像船橹那样左右拨水前行，如同舞女舞出的优美舞姿。为了潜水的需要，海蛇的鼻孔长有一对可开闭的瓣膜；它的肺也变得特别长，几乎从喉咙一直到尾部，既能储存空气，又能调节身体的升降。此外，皮肤可帮助呼吸，排出多余的氮气等。种种生理机能的变异，使海蛇也能像其他海洋动物一样，驾波逐浪捕捉食物，遨游于海洋中，成为一种特殊的公民。

说起长寿动物，人们常常会认为，龟是世间最为长寿的动物，其实真正的长寿动物当首推海蛇。若干年前人们曾在南太平洋发现了一条绿绒线海蛇。据有关专家鉴定，这条海蛇竟有1687个环圈。所谓环圈就像是树木的年轮一样，一年成一圈，这样算来这条海蛇已活了1687年。令人惊讶的是，它的尾部还是相当光滑，说明该蛇还处于幼年期，推算开来，这条蛇竟可以活12万年。这是国外几家有影响的杂志所报道的。即使抛掉这12万年的估算不计，仅凭这1687年的年龄，也称得上世界长寿动物的冠军了。

我们知道陆蛇是卵生的，小蛇靠蛇蛋孵出，而海蛇则大多是胎生的，刚产下的小海蛇，即可游泳活动。也有部分是水陆两栖的，这类海蛇依然保持卵生，它们在海滩生产卵(蛋)，以后任其孵化、发育。有时候我们航行在海面上，远远望去一条长龙般的东西，在随波逐浪不断前进，有时这条长龙可蔓延数千米之长。这就是雌、雄海蛇在相互追逐交配，数十万尾海蛇聚集在一起，场面极为壮观。在海蛇繁殖季节，它们有时聚拢在港口处，浮于水面，密集之时连船舶也难以正常航行。

全世界约有蛇类30余万种，可谓一个庞大的家族，有些有毒，有些无毒。海蛇约有50余种，全都是有毒的，而且毒性很大，甚至有些海蛇的毒性比眼镜蛇毒性大50倍，被咬者即刻毙命。平时它栖息于海边岩石周围或码头附近，而当人们不小心触及它时，它就发起攻击。不过好在海蛇一般是不会主动袭击人。

海蛇全身均是宝，它肉质芳香味美，在南方广州市专有蛇餐馆，天天宾客如云。日本、琉球一带岛屿居民，历来也有食海蛇肉的风俗。日本是世界长寿国家之一，其中冲绳等岛

上居民尤为长寿，这不能不说与多食海蛇有关。

从中医角度来说，海蛇性味甘、温，有祛风、燥湿、通络活血等功能；从海蛇身上提取的血清是治疗肝硬化、十二指肠溃疡等疾病的良药，此外蛇皮、蛇胆都很有经济价值，国际市场上每张海蛇皮值20美元。更为引人注目的是蛇毒，它是不可多得的生化物质，在医药上具有广泛用途，蛇毒酶现已成生物工程学的主要试剂之一，因而蛇毒价格极其昂贵，有液体黄金之称。据报道，青环海蛇毒干粉的零售价，每克高达7880美元。如何来提取蛇毒呢？说来也颇令人瞠目，我国广西有关部门，创造一种叫“咬皿法”，工人用手伸进装有蛇的铁笼里，抓着一条海蛇的脖子，此时蛇毫不客气地在工人手上咬上一口，随即把毒汁喷射出来，这正中人们的下怀，原来工人手上拿着一只特制的器皿，有意识地让海蛇咬上一口，以吸引其毒汁的排出。这种咬皿法不用伤害蛇，且可连续多次提取毒汁，蛇毒呈鸡蛋清样，无色透明，光彩夺目。

我国海域辽阔，有着丰富的海蛇资源，特别是北部湾广西沿海，常可捕获成群的海蛇。据报道，广西北海市一年就可捕获海蛇10多万千克，仅取蛇毒一项，每年就可创汇200多万美元，现在当地已成立了海蛇的专门研究机构。随着科学技术的不断发展，对于海蛇的综合利用将会取得更大成效，人们将把海蛇视作宝贝，再也不会将其无故屠杀抛入大海了。

斗架鱼

鱼还会搏斗吗？我们只知道有斗蟋蟀的、斗鸡的或是斗牛的，平时在养殖场或水族箱内见到的鱼似乎都是平安相处，各得其所；要么就是海洋里经常存在的那种大鱼吃小鱼、小鱼吃小虾、弱肉强食的摄食关系。其实自然界的鱼类与陆上的动物一样，同种之间也有互为仇敌的情况。有一种鱼叫作逻罗博鱼，它是以打斗而出名的，甚至当人们拿个镜子来，对着镜子中的自身形象，它也会猛冲而去，而且随着战斗的激化，体色也常由晦暗转变为耀眼的金属光彩，一旦败北的博鱼则颜色顿时晦暗起来，落荒而逃。它由于搏斗勇敢和奇特变化的体色，而吸引了不少人。在泰国就用它来进行赌博，常有不顾家产而孤注一掷的现象发生，有关当局过去还曾发行斗鱼赌场的许可证，据称这是皇家的一笔可观收入。

除了这种天性爱打斗的逻罗博鱼外，自然界还有更多的鱼，同种之间常有摩擦现象发生，它们大多或是为食物，或是为了婚配，有的则是为领地而搏斗。可见平静的海洋其实一点也不平静。为争食而搏斗，是可以理解的，难道鱼类还有为婚配而搏斗的事例吗？可以这么说，雄性动物发生决斗，如果有雌性在场，这类决斗总是跟婚配有关。不少缎虎类的雄鱼在进行了激烈的搏斗之后，优胜者在雌鱼面前张着鳍显出鲜艳的色彩，以博取对方的爱恋；南非的胎生鳍，决斗时双方把口张得很大，竖起了鳃盖，这样的动作使鳃盖上的斑点，看上去好像两只眼睛，它们可以打上几个回合，中间作短时间的休息，最后败者退避；体小的三棘刺鱼之间的搏斗，可能是鱼类中最剧烈的一种了，它们用锐利的棘互相刺杀，用腹鳍猛烈地冲刺对方，一番激烈的搏斗要么失败者成了胜者的虐待对象，要么败者被胜者所击毙。鱼类为婚配而斗，无非也是为了自己传宗接代，繁衍子孙。

更有意思的是鱼类竟也会为领地而搏斗。这疆界也并不是乱划的，生活在中上层的鱼，它们常常以周围的水草为界；栖息在水底的鱼，则以石块为界。这种疆界似乎也只有它们鱼类才能知道。如果有别的鱼类进入疆界区域，疆界的主人就会警觉起来，准备战斗。此时如是无意越境的，或越境者胆小怕事，或是个弱小鱼类，厮杀也无以形成。如果是旗鼓相当的入侵者，一场搏斗就无法避免了，这场厮杀一定要打到胜负分明，败者投降为止。如果入侵者被击败而逃逸，并无显出投降的姿态，那么另一方必会怒气未消地尾随追赶。可一旦追到对方的疆界，这时双方的身份恰好对调了，逃跑者回到了自己的疆界，即使此时负伤累累，它也会突然变得奋不顾身，起来捍卫自己的疆界。大概鱼类也知道，侵入别家的领土是无理的，捍卫自己的疆界则是有理的。有意思的是鱼类的搏斗，常常采用的是双方用尾鳍(尾巴)猛烈地拍击水，以水流冲击力来攻击对方。双方虽不

接触，但水流冲击鱼体，能把对方击伤。因为鱼的体内两侧有高度灵敏的感觉器叫作侧线，侧线能敏锐地感受到水流的冲击力。

无论鱼类是为了争食、婚配和领地而相互厮斗，总的目的无非是为了繁衍后代。当它们占有一定领地后，相对就有孵育子女的场所，可使自己的子女相安成长，这也是一切动物的本性。人们了解了鱼类的这些本能，可以制造条件让它们良好地繁衍后代，在海洋上投放人工鱼礁，在淡水养殖中采用合理的多种鱼类混养，让上、中、下层的水域都有鱼类居住。人们还可以根据某些鱼类好斗的习性，加以饲养观赏。泰国的逻罗博鱼，除去赌博的一面，它本身就是一种很有观赏价值的鱼类。在美国夏威夷，人们捕捉到一种“锯鳞鱼”的斗鱼，用线缚住，把它放于锯鳞鱼的密集处，这时可引来好多雄性锯鳞鱼，相互厮斗，此时渔民把早已沉在鱼群下的网轻轻一提，这批好斗的鱼统统成了人类的战利品。这种捕捞方法既轻松又省力，又可多次反复使用，不费本钱，实为一种良好渔法。

放电鱼

两千多年前的古罗马，居住在沿海的一些风湿和癫狂症的病人，一旦病情发作，他们不是去找医生，而是跑到海边抓几条电鳐鱼，利用电鳐鱼发出的电力来刺激神经，从而达到治疗的目的。电鳐鱼能发电早在法拉第以前的千万年前已经存在了。看来，这放电鱼还是发明电的鼻祖呢！

如果你有机会去海边，就可碰到这种鱼，它的头部和胸部联成一个大圆盘，托着一根粗棒似的尾巴，很像一把芭蕉扇子。这种鱼在东海、南海经常可以见到，你在海边游泳或在水中作业，不小心踩着它，会马上遭受电击，浑身麻木，厉害的甚至会使人晕倒。所以，在广东、海南岛一带，这种电鳐鱼也被当地渔民称作“晕倒鱼”。

电鳐鱼喜欢潜伏在海底泥沙里，平时只露出一双眼睛观察周围的动态，当它饥肠辘辘时，才从泥沙里浮动起来，对准过路鱼虾频频发电，待这些鱼虾晕麻不动时就去吞食，饱食之后又沉入海底。如遇有敌害来临，它就以放电来防卫。据测定它发出的电压常在70～100伏之间，最高时甚至可达220伏，等于是我们常用的电源电压了。

另有一种鱼名叫电鲶鱼，产于非洲的海洋和河流中，它的发电器官分布在占身体2/3的皮肤下面，发电时的电流是从头部流向尾部，发出的电压高达350伏，人碰到是有危险的。放电比这更厉害的是电鳗鱼，电鳗鱼外形像一条色泽鲜艳的大蟒蛇，肥胖圆滚，味道极其鲜美，看上去也温文尔雅并不可怕，但要是有人用手抓它时，可顷刻丧命。因为这家伙能释放强电压，一条90厘米长、20千克重的电鳗鱼，最高时可释放出866伏电压，几乎是常用电压的4倍。

电鱼是怎么样放电的呢？我们剥开电鳐的外皮，可发现在它体内有一堆呈六角形的肌肉，肌肉的一面比较光滑，由神经连接起来；另一面凹凸不平，这里没有神经。于是从神经传来一个信号，肌肉光滑面就产生了电流，另一面不受神经控制，仍旧保持原来静息状态，由于两侧的电势差，就形成了电流。

电鱼既能放出如此强大的电压，可为什么电不着自身呢？科学家们对能发高电压的电鳗作了解剖，发现原来电鳗肌肉上有许多特化细胞，这些特化细胞紧密结合在一起，电鳗释放的电流就是来自这些特化细胞，一个特化细胞就好像是一节电池，无数个特化细胞，就像是无数节电池串联在一起，形成一个完整的电池组。从电学原理我们知道，串联电路内各个电池的电势能很低，据测定电鳗体内各节“电池”的电势能，只有1/10伏特左右，几乎可以忽略不计，而各个电池一经串联，则两极的电流大大增强。当电鳗的鼻端和尾部一经串联，释放出来的电流就是高压电，能击毙敌害和猎物，而其自身体内任何一个部位的电流却相当微弱，这就是电鳗

体内储存有巨大电能，而不会电击自身的原因。

电鱼发电形式与我们常用的交流电或直流电是不同的，它们发的是脉冲电，就是每一次放电完毕，就要静息片刻，然后再放电，再静息。例如电鳐可在10～30分钟内放电1000～2000次，静息15分钟，又继续放电，一次又一次，直到筋疲力尽为止。

当然并不是所有的电鱼，都能发出强电。发强电的仅仅是电鱼中极少的种类，极大部分电鱼它们只能发出微弱的电脉冲，不足以击死或击昏鱼虾，它们把电作为一种工具，用来探索环境、与同种间联系、觅食或求偶等。例如水象鱼，它的鼻子特长如同象的鼻子，因而得名。这种电鱼的尾部只能放出6伏的电压，也是脉冲电，在其背鳍处有接收回波信号的功能，其功能就活像个雷达。才不过500来克重的青花鱼，靠着这种电信号，不仅能轻而易举地与百米以外的同伴建立通信联系，还可以用极微弱的功率将信号从水中发射到空中。

电鱼的这些发电功能，给人们

带来了不少的启示。当年爱迪生发明电灯，是否借助于电鱼的启示无从考证，但世界上第一个电池的发明者伏打，却是在研究了电鳐、电鳗等电鱼的发电器官后发明了电池。然后人们又多次加以改进和发展，研制了多种功能和形状的电池。如果人造电池也能像电鱼那样，可自行充、放电，反复使用那该有多好，这正是电学专家所要研究的问题。

自然界有两万余种鱼类，其中约有七十多种，有发电功能，现在真正被人们有所了解的仅仅只有20余种，绝大部分的电鱼，人们还是不甚了解。随着科学技术的发展，进一步揭示电鱼的秘密，对于人类社会的发展，将会起到积极的推动作用。

蓝鲸

说起鲸，人们往往把它纳入鱼的轨道，其实鲸根本不是鱼类，它与鱼有着种种差异，其中最主要的是它是用肺呼吸，而鱼类是用鳃呼吸。鱼类利用鳃摄取溶解于水中的氧气，可永远生活在水下。而鲸是用肺呼吸，它必须经常不断露出水面，交换空气呼吸。蓝鲸属于须鲸类，是世界上最大的动物。至今，人类捕获的最大一头蓝鲸身长34米，体重170吨，它的心脏重700千克，肺重1.5吨，肾重1吨，血液接近10吨。其力气相当于一台中型的火车头。蓝鲸的肺活量有1500升，呼吸时从鼻孔中冲出的强有力的气流能将附近的海水喷起来，于是蓝色的海面上会出现一条条白色的水柱，景象煞是壮观，航海的人称其为喷潮。蓝鲸没有牙齿，但有几百块角质的须板，须板上长满一排排密密的鲸须。在肚子里还有许多密密的皱褶，吃食的时候只要张开大嘴让海水流进嘴里，然后闭上嘴巴将海水从须缝中压出去，水中的一些小鱼、小虾和其他的浮游生物则被过滤留在嘴中，然后吞到肚里。蓝鲸的食量很大，一天可以吞食4～5吨虾、小鱼和其他浮游生物。蓝鲸有着厚厚的脂肪，一般可达40～50厘米厚，就像一层大棉被。所以蓝鲸不怕冷，它们喜欢生活在温度较低而食物丰富的南极海区。

每到夏季，南极海域里挤满了磷虾，远远望去，磷虾把数百万平方海里的海水染成了红棕色，可以说，这个时节是蓝鲸最幸福的日子。经过长途旅行的蓝鲸，差不多8个月没有吃饱了，饥肠辘辘的蓝鲸一回到南极，便尽情地吞食着美味的小磷虾。蓝鲸们愉快的渡过南极的夏天，一头蓝鲸一夏天体重可增长数千千克。这时雌鲸肚子里的小鲸也孕育成熟了。由于小鲸缺少厚厚的脂肪保护层，不能抵御极地的严寒，所以夏季一过，雌鲸就得离开南极，到温暖的海区去产仔。蓝鲸可以算是忠于爱情的典范了，一对蓝鲸从结为夫妻的那一天起便终生不再分离。当雌鲸不得不离开有着丰富食物的南极海域时，雄鲸也会义无反顾地陪伴在它的身旁。经过上千海里的长途旅行，在接近冬天的时候，到达一个温暖的冬季宿营地，在这里蓝鲸夫妇充满了期盼地等待着它们的孩子出世。这里的海水温暖湛蓝，尽管食物不很丰富，但偶尔也可以饱食一餐。在更多的时候蓝鲸夫妇是在互相追逐游戏。一般是在黄昏的时候，雌鲸感到了腹中的阵痛和抽动，在痛苦和喜悦中，它赶紧将雄鲸呼唤到身边。这时的雄鲸既温柔又体贴，它不断地围绕着母鲸游动，希望能减轻母鲸的痛苦。最后雄鲸小心的帮母鲸翻过身来，使它的肚皮向上，这样雌鲸能感觉舒服一些。当然，雄鲸一刻不离将要产仔的雌鲸，也是为了安全。因为，当雌鲸在生产时，总会引来鲨鱼等不速之客。将要产仔的雌鲸毫无防护能力。所以，雄鲸的任务之一，就是保护雌鲸安全生产。

蓝鲸的分娩方式跟人类分娩不一样，人类分娩时婴儿是先露出头，再逐渐露出全身。而鲸则是先露出尾巴，再露出全身。如果头部先出来的话，那么，从脱离胎盘到离开母体浮上水面进行第一次呼吸的这段时间

里，幼鲸将会被海水淹死。

小蓝鲸生下来就有7米长，2吨～3吨重。在双亲的托扶下，它的小脑袋一探出海面，便深深地吐出一口气，喷射出一股数米高的水柱。开始的时候，小蓝鲸不会游泳，也不会通过呼吸来扩张自己的胸腔获得浮力，所以，在这个时候如果没有父母的扶持它会沉到海底而丧命。时间一天天地过去，幼鲸在父母的保护和喂养下逐渐长大了。母鲸的乳汁浓郁而丰厚，富含营养成分，其脂肪含量是人奶的几倍。小幼鲸贪婪地喝着母亲的乳汁，一口气能喝几十千克。幼鲸生长的速度很快，一天能长数百千克，一星期后小鲸即可长到4吨左右。如此巨大的幼体完全靠母亲的乳汁喂养成长，在动物中是极为罕见的。到了6个月后，它才自己捕食一些鱼虾来补充一下。这一时期幼鲸除了长身体外，还跟母亲学会了游泳。

温暖的海水给蓝鲸一家带来了无限的欢乐和希望，但这里没有充足的食物供它们捕食。当它们离开南极海域的时候，雌鲸和雄鲸都漂亮和丰满，而现在呢，由于饥饿和养育幼鲸，几乎耗尽了蓝鲸父母的全部营养，这时它们最向往的地方就是南极了。春天来临的时候，幼鲸也长到了16米长左右，体重达17～18吨。幼鲸现在也可以长途旅行了。于是，蓝鲸一家就启程匆匆地赶往南极去参加一年一度的磷虾盛宴。

他们除了会受到虎鲸的杀戮外，蓝鲸还受到比虎鲸厉害数倍的敌人——人类的伤害。蓝鲸一年一度的生殖洄游也给它们自身带来了灾难。蓝鲸进食的时候往往对捕鲸船不防范、不躲避，捕起来非常容易。在40年前，每年都有大量的捕鲸船云集在南极，附近海域的蓝鲸遭到了灭顶之灾。到1965年世界上总共只剩下200头蓝鲸了。同一年，国际捕鲸委员会命令禁止在南极捕杀蓝鲸。可惜这种禁令并没有起到很好的效果，在南极以外的地区和南极的违令捕鲸现象仍时有发生。现在，由于生物学家和环境保护学家的强烈呼吁，加强了对蓝鲸的保护，蓝鲸的数目已恢复到数万头。

灰鲸

提到灰鲸，就不得不提到以下发生的两件令人难忘的事件，因为这在大型鲸类的保育史上具有十分重要的意义。

1973年3月，一头受伤的幼灰鲸被送到美国加州圣地亚哥海洋世界，当时体重只有2000千克，但它长得相当快，每天长1.5厘米，增重50千克，3个月后，已经长到8.5米长、体重7000千克，池子都装不下了。在经过一段时间的康复后，只好将它送回大海之中。这是人类第一次没有伤害鲸类而将其安全地放回大海中。

1988年10月初，三头灰鲸在洄游途中，刚游至巴罗角以东不远的海域，就遭遇了一场暴风雪的袭击，气温骤然下降，海面开始迅速结冰，并且越来越厚，几乎将它们包围起来，留给它们呼吸的水面只有弹丸之地，使它们几乎动弹不得，情况万分危急。恰在此时，当地的因纽特人发现了它们。消息一传开，全村的人立即加入拯救灰鲸的行列中，人们用电锯将冰层锯开，每隔一段距离，凿一个口子，上面吊一盏灯，企图将灰鲸引向开阔的海洋。但是，老天不作美，气候变得越发寒冷，暴风雪也不断袭来，锯开的冰面很快又冻住，许多人的手脚被严重冻伤，如果不采取紧急措施，灰鲸很快就会被封于冰下而憋死。三头灰鲸的遭遇通过电视、电台、报纸等新闻媒体在世界范围内传播开来，立即引起了广泛的关注。人们纷纷打电话或写信给巴罗当局，出谋划策，并主动捐钱捐物，要为拯救灰鲸出把力，来自全球各地的志愿者也陆续赶来救援，美国甚至动用了空军飞机，送来救援物质。10月15日，苏联派出的两艘巨大的破冰船到了，此时的灰鲸已露出疲态，而最小的一头不幸在10月21日死亡，拯救行动面临着更加严峻的考验！大家夜以继日、辛苦忘我地工作着、工作着……终于在10月28日由破冰船开通了一条前往无冰海域的生路，将剩余的两头灰鲸成功地引回大海。“鲸鱼得救了！”人们欢呼着，拥抱着，忘掉了连续工作的疲劳。此次拯救行动赢得了全世界的喝彩。

灰鲸是世界上现存最古老的鲸类，在分类上属于鲸目，灰鲸科，本科仅此一种。灰鲸原本在北太平洋及北大西洋皆有分布，但北大西洋的种群由于人类的过度捕猎，已于17～18世纪间灭绝。1946年，国际捕鲸委员会宣布禁捕灰鲸，对灰鲸实行保护。我国于1980年成为国际捕鲸委员会缔约国之一，并将灰鲸列为国家二级保护野生动物。

目前，灰鲸仅存于北太平洋，分两个种群。一为东侧的加州种群，洄游路线由墨西哥加利福尼亚半岛的南方繁殖区至阿拉斯加的白令海、楚科奇海及波弗特海西部的摄食区之间，该种群经过数十年的保护，资源量已接近历史的最高水平，达25130头左右。鉴于此，1997年在摩纳哥召开的国际捕鲸委员会的委员会议上，破例批准美国华盛顿州西北部

濒临太平洋的印第安人马卡部落于1997~2000年，每年可在北太平洋捕杀5头灰鲸。另一个为西侧的朝鲜种群，有的学者曾认为该群体可能已灭绝，但韩国于1967~1975年还曾捕获到，后根据在中国和日本的搁浅记录和海上观察的结果，证明该种群尚未灭绝，此种群是目前极为濒危的鲸类种群之一，人们对此知之甚少。1997年，美国和俄罗斯的科学家在俄罗斯萨哈林岛沿岸意外地发现了灰鲸的这一朝鲜种群，并证实，萨哈林岛东北沿岸是它们唯一的夏秋摄食地。但朝鲜种群数量最多时也不到110头，而且这个种群的灰鲸肩胛骨隆起，颈部变窄，身体异常消瘦。因为萨哈林水域已被探测出有丰富的石油，正在准备开采，为此，国际捕鲸委员会分别在美国和韩国举行了朝鲜种群灰鲸的研讨会，中国也被邀请参加。会议一致认为：萨哈林水域仅仅是夏秋摄食地，其余大部分时间灰鲸是在其他国家的水域过冬和繁殖(12月至次年3月)，因此，禁止在萨哈林水域开采石油是一个方面，而由各国政府、科学家和企业间建立紧密合作关系，群策群力，才是拯救灰鲸的唯一出路。大会为此还专门制定了一个十年研究计划。日本自20世纪90年代初每年投巨资进行灰鲸繁殖场所的调查，至今仍未调查清楚。但经多年调查的经验和结果，大家普遍认为灰鲸的繁殖场所很可能在中国的广东和海南一带。

灰鲸是哺乳动物中迁移距离最长的种类，迁移距离可长达10000~22000千米。灰鲸在每年的4~11月往北迁徙至白令海峡水域，往返于阿拉斯加与西伯利亚之间的海岸附近。此时水温、光照都较适宜，食物丰富，灰鲸可以尽情地饱餐，在寒冷的冬季来临之前，使自己皮下积累一层厚厚的脂肪。12月至次年4月开始南移，穿过阿留申群岛，沿着北美洲大陆沿岸南下，平均每天行进大约185千米，到达它们冬天的乐园——水温较高、光照充足的加利福

尼亚半岛的西侧以及加利福尼亚湾的南侧。这时候，正值它们的恋爱季节，也是最佳的繁殖时期，成年鲸在繁殖区进行交配，经过12～13个月的怀孕期，雌鲸就生下单胎的小灰鲸。刚出生的仔鲸全身呈暗灰色，没有藤壶或鲸虱寄生，初生时的体重为0.5吨～1吨、体长4～5米左右。由于母奶中的脂肪含量为55%，所以幼鲸一出生成长速度就十分快。灰鲸的哺乳期约为9个月，雌鲸在产仔后就拒绝与雄鲸接触了，雄鲸只能寻觅其他未产仔的雌鲸交配。因此，一头雌鲸大约每隔一年才能繁殖一次。在温暖的水域，鲸的食物通常较匮乏，因此成年鲸会在生育时禁食，等待幼鲸长大，再带着它踏上北上的路去觅食，但路线与南下时不同，从夏季的索饵场所到冬季的繁殖场所之间的往返距离大约为18000多千米。

灰鲸虽然庞大，但性情却很温顺，从不伤人。游泳速度较缓慢，一般为每小时3～4海里(1海里＝1.852千米)，最快也不超过7～8海里，但却有十分活跃的行为：常会将头垂直抬出水面，窥看四周，一般认为灰鲸借此动作来观看好奇的事物；有时灰鲸干脆将尾鳍放在海床上；或将尾巴扬起，拍击水面；或跃身跳起，入水时激起大量的浪花，一般会连跃2～3次，也曾有连跃20次的纪录。一些灰鲸特别喜欢发出一种“哼哼”声，每小时大约发出50次左右，每次持续2秒钟左右，频率范围在20～200赫兹之间，强度可达160分贝。人们对它发声的原因尚不清楚，有人认为是回声定位或者群体成员之间交流的信号，也有人认为是对暴风雨、地震等自然现象的本能反应，也可能是它们对于“失恋”的叹息，或者是一种愤懑和发泄。

座头鲸

座头鲸的头很大，约占体长的三分之一，这也是它名字的起源。成年的座头鲸体长可达15米，重6吨左右。由于它的歌声优美动听，人们又把它叫作水下歌唱家。其实，这种巨大的海洋动物在海中已经歌唱了几千万年，但只是近百年内人们才注意到它的歌声。

鸟的歌声美妙，但是有停顿的时候，而座头鲸的歌声则是一气唱下来的，它可以连着唱几小时甚至十几小时。科学家们录下座头鲸的歌声，放慢频率，发现它们的频谱结构很像作曲家所谱写的乐曲。座头鲸的歌声抑扬顿挫，好像长长的叙事诗。整个长诗又分为几个部分，每个部分有若干个乐段，乐段又由很多“音节”组成，长长短短的歌都是由不同的乐

段重复而成，有时悄声细语，情意绵绵；有时高昂浑厚，气势宏大。

科学家们认为，座头鲸歌唱在生活中有特殊的意义，其中主要目的是用来求偶或是传递信息。科学家们还发现，并不是所有座头鲸都在唱歌，只有雄性的座头鲸才唱歌，雌鲸一般是不唱歌的。所以人们又把座头鲸的歌声与小伙子向姑娘求爱所唱的情歌相提并论起来。座头鲸的歌也像人的歌一样有着特定的“方言”，某个海域内的鲸只能听懂本海域的鲸歌，而听不懂相距很远另一个海域的鲸歌。非常有趣的是鲸唱歌时，其主题也是变化的，一头鲸前一年的主题会跟下一年的主题有着很大的区别，这一点也有些像人类的流行歌曲，年年有新式样。

其他的鲸类也可以唱歌，只是歌声不如座头鲸的绵长动人。鲸鱼的音域十分宽广，超过了人类发出的音域范围。它们巨大的肺活量使得发声能持续很长时间。灰鲸、虎鲸等都可以发出一些类似歌唱的声音。鲸不仅能对自己同类发出的声音做出反应，而且还对人类制造的音乐很感兴趣。有人曾在充气的小艇上对着座头鲸吹奏起长笛，座头鲸就随着笛声低声地吟唱起来，似乎与吹奏手对歌。

虎鲸

虎鲸又叫杀人鲸，属于齿鲸类。由于虎鲸有高耸的呈三角形的背鳍，状如倒置的矛，又被称作逆戟鲸。虎鲸平均体长8米左右，背黑、腹白，界线分明，它的最明显的特征是眼后部和背鳍后部各有一个醒目的大白斑。颌白色，鳍肢黑色，腹部后半部有一向背侧并向后弯的白色突出部。齿强大，游泳速度很快。尽管虎鲸身体不很大，但它能横行于地球上的各个海域，攻击力极强，在海洋中是没有什么敌手的。虎鲸凶狠残忍，杀戮成性，平时以吃鱼最多，也吃海豚、海豹、海狗、海象等海兽，甚至包括体重是它几十倍的蓝鲸。虎鲸经常成群游，攻击大型须鲸，也袭击领航鲸等较大鲸类，有时甚至还能袭击海鸟，颇有“群狼”之势。如果说它是鲸类中的恶魔，一点也不过分。

凡是目睹过虎鲸捕食情景的人都会为其残忍而震惊，然而，人们也会为虎鲸出色的集体合作精神和攻击力而折服。虎鲸一般是聚群生活的，一个群体中约有20～30头虎鲸。海豚是虎鲸从来不肯放过的猎物。当发现有海豚群出现的时候，虎鲸群就进入了战斗状态，它们很快就像一支训练有素的军队一样将队伍一字排开，在海豚群毫无觉察的情况下，迅速形成伞形包围圈，等到海豚发现灾难降临时，一切已经太晚了。海豚也想突围，但有组织的几次突围努力失败后，它们并不四下逃窜，而是相互靠拢在一起，想从同伴身上获取力量。然而，这一举动正好帮了虎鲸的忙，那些虎鲸并不急于进攻，而是沿着螺旋形的轨迹绕着海豚一圈圈地游弋，一步步地缩小包围圈。当包围圈缩小到一定程度的时候，虎鲸就突然发起攻击来，外周的一条虎鲸像猛虎捕食般地向圈内冲进去，连撕带咬地杀死几条紧靠在一起的海豚，然后迅速地带着猎物回到圈外。而与此同时其他虎鲸则严密防范，防止海豚趁乱逃脱。随后，另一只虎鲸紧接着冲入海豚群，再杀死几头海豚并带出圈外。经过一次次的轮番攻击，包围圈内的海豚几乎无一幸免，全部成了虎鲸的美餐。成群的虎鲸也经常进攻体重达百吨的其他鲸类，世界上最大的动物蓝鲸也逃不过虎鲸锐利的牙齿。

虽然虎鲸凶狠残暴，但它们天性聪明，又可驯服，有些时候它们还可以做人类的朋友。在澳大利亚新南威尔士沿岸的一个海湾里，就发生过这样的事情。这里的渔民捕鲸作业持续了100余年，虎鲸在这里赢得了比较好的声誉。每年，当座头鲸洄游途经海湾外海域时，有些虎鲸就像通风报信一样，迅速游到海湾内，在捕鲸基地附近跳跃、嬉戏，以引起人们的注意。当捕鲸船起航时，它就充当向导，引导船只驶向要猎捕的目标。此时，另一些虎鲸担当起看守，不让座头鲸跑掉，等待着捕鲸者对准猎物开炮。当座头鲸被炮击中后，虎鲸又帮助人将它制服。当人捕到座头鲸后，允许虎鲸把死鲸的舌头吃掉，以示对

它们的报酬。天长日久，海湾的捕鲸人对常来的虎鲸都已经熟悉了，并给它们一一送上名字。人们对虎鲸充满了友谊，在这里伤害虎鲸被认为是罪恶的行径。

在其他地方人们还借助虎鲸的威力驱赶危害渔业的其他海兽。在发现灰鲸时，只要一播放虎鲸的叫声，灰鲸便吓得失魂落魄，立刻掉头逃窜。美国卡塔里纳岛附近海域是头足类的乌贼产卵地，此时领航鲸和海豹也趁机尾随而来，捕食乌贼，危害渔业，渔民恨之入骨，虽然当地渔民想了许多办法保护乌贼能正常产卵，每次遇上偷猎者或将其赶走，或者将其杀死，但也不能完全奏效。后来，在生物学家的指导下，将虎鲸的声音录制下来，只要发现“偷猎者”，就即刻播放虎鲸的声音，“偷猎者”一听虎鲸的声音就立即落荒而逃，再也不敢靠近。

这样既避免了许多海兽无辜被杀，又保护了重要的渔业资源。此外有些国家已成功的训练了虎鲸替人打捞海底遗物。人们设想将来有一天能把虎鲸训练成海底牧场的警犬，帮助人们放养海洋生物，如果真能这样，该有多好啊！

白鲸

白鲸的属名Delphinapterus是没有背鳍的海豚的意思，种名Leucas是白色的意思。世界上绝大多数白鲸生活在北极和亚北极的海域中，也会进入河流入海口甚至江河中。

白鲸好奇心很强，经常浮出水面，颈部可以自由转动，能够点头和转头。有意思的是，白鲸还能够改变前额和嘴唇的形状，做出各种面部表情，或呈微笑状，或呈皱眉状，或呈吹口哨状……样子十分可爱逗人。

白鲸的体色随年龄不同而变化，出生时，身体呈暗灰色，以后逐渐变成灰、淡灰及带有蓝色调的白色，当长到4～9岁性成熟时，就会变成纯白色，看上去洁白无瑕。不同部位变白的速度不相同，背部、头部、喷水孔、眼、尾鳍和胸鳍部分的皮肤变白的速度比较快。

白鲸可以单独或结群猎食，若是单独觅食，彼此相距0.3～1.0千米；若结群猎食，它们先绕着一大群鱼群游动，使鱼群向中间密集，然后轮流到中央饱餐一顿。白鲸不咀嚼食物，而将食物整个生吞下去。它们摄食的种类包括各种鱼类、甲壳类、软体动物等。

每年夏季，白鲸少则5～20头，多则数百或成千上万头，浩浩荡荡地游向河口三角洲，此行的目的就是要完成蜕皮、繁殖后代和摄取足够多的食物来越冬。一路上它们一边游玩，一边不停地表演，平时冷清的海湾、河口、三角洲顿时热闹异常。白鲸虽性喜群居生活，不过有个别的白鲸似乎“天马行空，独来独往”。据记载，个别白鲸独自南下，潇潇洒洒地游上几千米，曾在我国的黑龙江入海口和苏格兰福斯河口出现。1966年，一头白鲸竟顺莱茵河一路游荡，参观杜塞多夫、科隆，再访波恩，路程有400多千米，总共一个多月，数万人在小船和岸上观赏，成为轰动一时的新闻。

白鲸成群结队地由大海游向冰融的河道，由于在海中生活的一年中，身上裹满了一层黄绿色的海藻，全身附有许多寄生虫，刚到时，显得肮脏不堪。因此，白鲸都有脱皮借以摆脱寄生虫的习性，它们随潮汐来到浅滩，在河底下或浅水滩的沙砾和砾石上磨去老旧的皮，此时它们困陷浅滩，对北极熊毫无招架之力，涨潮之后，成百上千的白鲸便开始了换皮的行为，从安放在水下监测的水听器中可以清楚地听到“咔嗒”“噼啪”等摩擦声。白鲸这样不停地翻身摩擦，有时一天可持续几个小时。经过几天的换皮后，它们就返回海洋中的摄食地，皮肉之苦在所难免，但却换来了没有寄生虫和光鲜亮丽的皮肤。

雄鲸的性成熟期约在8～9岁，雌鲸约4～7岁。白鲸会在海湾、河口三角洲或浅水区成双结对，并以身体不同部位进行触摸，情投意合后，完

成交配活动。通常一头雄鲸能和多头雌鲸交配。雌鲸怀孕的时间约14～15个月，每2～3年生产一次，生双胞胎的机会很少。白鲸体长约3～5米，体重约400～1500千克，而出生的幼鲸体长1.5～1.6米，重80千克左右。母鲸在喂食幼鲸时，游得非常慢，小白鲸用上颚和舌头含挤藏在母鲸腹下的乳头，乳汁就会流进嘴里。雌鲸母乳的基本成分为：28%的脂肪，11%的蛋白质，60.3%的水和少于1%的矿物盐。新生第一年，小鲸鱼只以母乳为食。等牙齿长出后，就可以增加食物的种类，如虾和小鱼。哺乳期为20～24个月。这期间，母鲸负责教会小鲸鱼求生的本领。自然条件下的白鲸寿命为30～40岁。

1535年，当法国探险家雅克·卡提尔发现圣劳伦斯河时，他的船队受到白鲸的迎候。这些白鲸在水中载歌载舞，歌声悠扬动听，响彻百里以外，其美妙悦耳的声音令人们惊叹不已，白鲸从此也有了一个美丽的称呼“海洋中的金丝雀”。直到1974年，加拿大海洋生物学家才首次记录下了白鲸的声音，其声音变化之大，令人惊诧不已，如猛兽的吼声、牛的哞哞声、猪的呼噜声、马嘶声、鸟儿的吱吱声、女人的尖叫声、病人的呻吟声、婴孩哭泣声、铰链声、铃声、汽船声……真是五花八门，无奇不有。此外，白鲸还可以发出“咔嗒”“砰”等声音。

在自然界，白鲸的主要天敌是虎

鲸和北极熊，白鲸容易陷在冰层中，成为北极熊唾手可得的猎物，某些白鲸身体上经常有被北极熊捕捉不成而留下的伤疤。可事实上，虎鲸和北极熊只能捕猎极少数量的白鲸，它们捕猎的白鲸基本上多为老弱病残者，对白鲸的生存没有任何威胁，而人类才是白鲸最大的敌人。早期捕鲸者的主要目标是北极露脊鲸，后来北极露脊鲸的数量急剧下降，捕鲸者于是把目标转向了白鲸。捕鲸者仅1883年就在兰开斯特海峡和巴芬岛捕杀了2736头，1910年又在同一地捕杀了700多头，直到绝大多数白鲸在这里消失后，捕鲸者才扬长而去。自从17世纪以来，由于捕鲸的高额利润，捕鲸者对白鲸进行了疯狂的捕杀，致使白鲸数量锐减。目前，栖息在白令海、楚科奇海和鄂霍次克海的种群有2.5万～3万头，加拿大北极高纬度区与西格陵兰种群有1万～1.4万头，加拿大哈得逊湾与詹姆斯湾种群有0.9万～1.2万头，斯瓦尔巴海种群有0.5万～1万头，加拿大圣劳伦斯河湾种群有300～500头，前景不容乐观。更加可悲的是，白鲸的生态环境遭到毁灭性的破坏，使一批批白鲸相继死亡。科学家们经过尸体解剖才找到了引起死亡的原因：由于受到一系列有毒物质汞、镉、锌、铅、锡、铝、铁等的侵害，使白鲸的免疫系统遭到严重的破坏，有些白鲸患上了胃溃疡、肝炎、肺脓肿等疾病，更有甚者，有的白鲸患了膀胱癌、子宫癌等绝症。而且，白鲸体内已发现一些污染物，如聚氯联苯、DDT及某些剧毒农药，有的白鲸大脑组织中含有大量已发生代谢变化的可致癌的PAH(多环芳烃)，这种东西已经转变成基因的一部分，导致了白鲸基因不可逆转的破坏。

海豚

海洋馆的水族池内，一头头海豚在主人的指挥下，做着精彩的表演，确实无愧海豚这个演艺明星的称号。

说起这位鼎鼎大名的海洋明星，确实不同凡响。除了能进行这种精彩的表演外，它还有种种传奇的故事。它特殊的生理机能，就激起了科学家的阵阵兴趣。说起海豚的传奇，大概莫过于它那乐于救人的品质了。

例如:1964年，日本“南阳丸”渔轮在野岛崎沿岸不幸沉没，船上共有10名船员，其中6名当场丧生，其余4名弃船下水后，与汹涌的海浪搏斗了好几个小时，一个个累得筋疲力尽，就在这万分危急之时，有两只海豚赶来，把身子往下一沉一抬，每个海豚背上驮着两名船员，游了足有36海里(1海里＝1.852千米)，直到岸边，然后身子一顶，将他们顶上岸。船员得救了，这两个可爱的海豚又从容不迫地返回了大海。

海豚为什么能有这么“高尚”的品格呢？这是科学家很感兴趣的问题。他们从海豚的生理生态入手，作反复的研究，终于得出了较为一致的观点。我们知道鲸鱼可分作两大类，一类是齿鲸，一类是须鲸。人们习惯把小型的齿鲸统称为海豚，所以说海豚是世界上最大型动物鲸鱼家庭中最小型的成员。它属于海兽类，因而是用肺呼吸，初生的海豚自己不善于浮出水面呼吸，弄不好会被水呛或被海水淹死。因而初生的海豚必须在母亲和长辈们精心的护理下学着游泳。成年的海豚常用自己的吻轻轻地一次一次把幼海豚推出水面呼吸，有时也用牙齿叼住幼豚的胸鳍，把它送到水面，直到小海豚能自己呼吸为止，就像人类学游泳一样，久而久之，小海豚就逐渐养成了这种本能的习惯。凡是水中不积极运动的东西，都会引起海豚的本能的反应，并主动协力把它托出水面。有人曾将一条小鲨鱼与海豚共栖，海豚竟连续好几次把这头年幼的鲨鱼托出水面，结果导致幼鲨死亡。这就是世界上发现多起海豚救援落水人员的原因。

海豚除了能救助人类之外，它有时也是义务引水员。一百年前航行在南太平洋的航船，常因没有优良港湾而苦恼；1880年，这里忽然出现了一头海豚，它总是喜欢在船头前方游动，于是船只在这头海豚的带领下，畅通无阻地开辟了一个又一个优良港湾，这位优秀的“引水员”竟连续为各国海员卓有成效地工作了32年之久，直到1912年方才见不到它。事非偶然，在新西兰北部的汉蒲港也现了另一条海豚引水员，积极地为人类服务，当地人都知道这条海豚，似乎它是人们生活中的一个组成部分，有一天这条海豚突然死亡，引起全城轰动，噩耗传出吊唁信、电报纷至沓来，当地人在这条海豚身上盖上新西兰国旗，举行了隆重的葬礼，还特意为它建造了一座铜雕纪念碑。

在民间渔业上，海豚有时还是渔民的好帮手呢！新西兰沿海的渔民，常把特制的灯泡放入水中，灯光诱集大量鱼虾群体，过不了多久成群的海豚出现了，它们截住鱼群不让跑散；渔民们下网捕鱼大多能获得良好收成。澳大利亚的一些土著民族，在捕

捞鱼群时，常用手持渔叉奋力击冰，阵阵水声很快就诱来大批海豚，把大批鱼群赶入渔民设置的网内。这是因为渔叉击水声很像鲵鲣科鱼群发出的声音，而海豚十分喜爱吃鲵鲣鱼，于是就帮了渔民的大忙。畜牧业是野生动物家畜化的过程，海洋能否渔牧化呢？科学家们首先考虑的是利用海豚来起到水下牧鱼的作用。

对于海豚的研究，科学家是花了不少心血的。例如海豚的皮肤，就曾引起不少科学家的注目，我们看到水池里那快速疾驰的场面，在浩瀚的海洋上海豚的速度更是令人瞠目，它的游速可达每小时70千米，几乎与疾驶的火车等速，短距离冲刺可达每小时100千米，这又与鱼雷等速。这种高速行进的本领，起初人们认为是它那流线型的体形在起作用，于是人们模拟制作了一个流线型的人造海豚，与真正的海豚完全一样，奇怪的是模拟海豚的速度仅为真海豚的一半还不到，看来流线型并非决定速度的主要原因。造成其高速的真正原因，终于发现了，原来是它那特殊的皮肤结构。海豚的皮肤里外有三层，第一层是非常光滑柔软的表皮层，第二层是有无数乳头状的真皮层，第三层是很厚的脂肪层，富有弹性。海豚这一皮肤特征，能顺从水的压力而波动，从而大大地减少阻力。这三层皮肤结构，加上纺槌型的体形，才使让它成为高速运动的健将。

海豚皮肤构造的这一发现，不仅发展了航海船舶业，而且在飞机、火箭业或其他有关行业上都得到了相应的应用。例如为了减少气体、液体在管道中流动时产生过大的摩擦力，套上或粘上相应的柔软物质，就可大大减少阻力，提高经济效益。

人们常把动物世界最聪明的动物归类于猴子。如果从大脑与身体的比重来看，人类排在第一位，海豚是第二，猴子只能算作第三。从种种智力实验来看，一种技能，往往猴子要经上百次训练才能学会，而海豚仅需几十次就可掌握了。所以，现在科学家甚至认为，海豚比猴子还要聪明、有智慧。

中华白海豚

1637年，探险家彼得文迪途经香港、澳门和珠江口水域时，发现“海豚百余，牛奶白或淡红色”，这是国外首次有关中华白海豚的描述。1757年，瑞士人奥斯北目睹了中华白海豚在其船前嬉戏游玩的情景，并将其命名为“中华白海豚”。

中华白海豚是世界上最为濒危的海洋生物之一，也是中国海洋鲸豚中唯一的国家一级保护野生动物，和淡水中的白鳍豚、陆上的大熊猫、华南虎等都属同一保护级别，因而人们称之为“海上大熊猫”“海上国宝”。在厦门，中华白海豚多在春天接近妈祖生日时来到九龙江水域，渔民便认为成群结队游来的中华白海豚是为朝拜妈祖而来，因此称其为“妈祖鱼”。同时，又因为它出现的时候，一般都风平浪静，且没有咬人的鲨鱼出现，所以它又被称为“镇江鱼”。清朝初期，广东珠江口一带，中华白海豚被称为“卢亭”，也有渔民称之为“白忌”和“海猪”，因为相传中华白海豚是一些遇难失踪船员的转世投胎，故而有此一说。由于它的珍稀及地域特点，它还被定为九七香港回归的吉祥物。在香港庆祝回归委员会的成立典礼上，台上悬挂的大型会徽格外引人注目：一头卡通式的中华白海豚一跃而起，溅起朵朵浪花，象征着喜悦与欢庆，中间是香港特别行政区区旗、区徽的主要组成部分并配有五颗星的紫荆花，显示着香港人的胸怀。选择中华白海豚为回归吉祥物，是因为它不仅是海洋里的珍稀动物，且名字含有“中华”二字，每年都会游回珠江口等地繁殖后代，具有不忘故土、热爱家乡的品质，而香港是中国不可分割的一部分，理应回到祖国的怀抱。

中华白海豚性情活泼，多栖息在岸边较浅的水域，很少游入深海，并在不同的地方进行不同的活动：休息或游玩时，它们会聚集在靠近沙滩的海湾；而捕食的时候，它们会出现在浅水及多岩石的地方，有时多达20头。尤其是在拖网渔船操作的时候，常有很多中华白海豚跟随渔船，抢食漏网之鱼，更有胆大包天的会直接钻入网内，饱餐一顿，然而，这往往要付出惨重的代价，不少要被渔网缠住或被捕到船上。但每年有多少中华白海豚被误捕或因误捕而致死，目前尚缺乏完整的资料。从国外其他鲸类的研究来看：分布在加拿大东部沿海的座头鲸，常溺死在捕获毛鳞鱼的渔网中；自开始使用庞大的渔网捕捞金枪鱼以来的30年间，太平洋的长吻原海豚的种群数量已下降80%；仅1996年的一年时间，韩国的渔业捕捞就导致了128头鲸被偶然捕杀。近年来，国际捕鲸委员会特别强调，每个国家要向其提供每年小型鲸豚偶然误捕或放活的信息，以便进行全球范围的估测和研究。我国是世界上渔船最多的国家，目前全国共有海洋捕捞渔船24.43万艘，总吨位达541万吨，从我国的渔业规模、强度和渔网的使用类型分析，鲸豚的偶然误捕情况在我国应当比较普遍。可惜我国尚无这方面的统计资料。我们应该立即重视对这方面进行必要的调查研究，建立包括

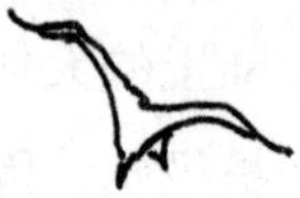

性别、数量、时间、地点、死亡原因等内容的鲸豚偶然误捕和意外死亡的数据库，同时进行必要的处理，采集若干组织样品(如肌肉、肝、肾、胃、心脏、眼球、牙齿、脂肪、皮肤等)，建立标本库，为深入开展鲸豚的组织学、生态学、毒理学、疾病等研究提供必要的物质基础。

涨潮时是中华白海豚捕食的最佳时间，它们活动最频繁的阶段是黎明与黄昏。食物主要是生活在海湾的小动物，如鲻科和石首鱼科的鱼类、乌贼和虾类等。中华白海豚性情活泼，常3～5头在一起，或者单独活动，在风和日丽的天气，常在水面跳跃嬉戏，有时甚至将全身跃出水面近1米高。游泳的速度很快，有时可达每小时12海里(1海里＝1.852千米)以上。呼吸的时间间隔很不规律，有时为3～5秒，有时为10～20秒，也有时长达1～2分钟以上。

中华白海豚体长2.2～2.5米，体重约235千克左右，身体浑圆，呈优美的流线型体态，眼睛乌黑发亮，每年6～7月，达到性成熟的中华白海豚在水中交配，雌豚的怀孕期为10个月左右，于次年3～4月产仔。初生的小海豚重约10千克，长约90厘米，通常一胎一仔，哺乳期为6个月。寿命可长达50岁。中华白海豚出生时，全身深灰色，随着它逐渐长大，颜色发生显著变化，通常由背鳍开始，向头尾两边褪减，到成年时就变成白色或粉红色，十分漂亮迷人。

中华白海豚以前在长江口以南至北部湾都有分布，20世纪60年代在厦门港随时可见。20世纪80年代后，由于渔船捕捞，海上工程以及水质污染等原因，对中华白海豚的生存构成了严重的威胁。目前该海域的中华白海豚已不足100头。为了保护中华白海豚，香港政府在龙鼓洲水域首先建立了海岸公园保护区。与此相呼应，1997年8月，在中华白海豚的主要栖息地之一的福建省厦门市，也建立了一个总面积为5500公顷(1公顷＝1万平方米)的以保护中华白海豚为主的自然保护区。

海豹

海豹是一个大家族，有不少种类，在全世界都有分布。

海豹也属于鳍脚类。但跟海象不同的是它的两只后鳍脚永远向后伸着，不能向前弯曲。所以它们在陆地上只能靠身体的来回蠕动向前走。海豹大部分时间都生活在水中，它们有着良好的流线型身材，两只后脚就像潜水员的两只脚蹼，游起泳来在水中左右摆动推动身体迅速地前进。所以海豹的游泳速度很快，可达每小时38千米。海豹的潜水时间一般在5～6分钟，有时可达半个多小时，可潜到数百米深。潜水时它们会将鼻孔紧紧关闭，并且耗氧很少，心跳降到每分钟4～15次。

大多数海豹偏爱在寒冷的水域中生活。它们有着厚厚的脂肪层，即使在冰水中也感觉不到寒冷。所以海豹们最喜欢在南极和北极生活。南极的象形海豹是海豹家族中的巨人。雄的体长可达6.5米，重约4吨。雌的也有3米多长，400～500千克重。最特殊的是它们的鼻子，可以长到40厘米长，当它兴奋或发怒时还会膨胀起来，有点像大象的鼻子，所以给它起名叫象形海豹。象形海豹身体呈灰褐色，看起来总是脏兮兮的。每年换毛季节它们成群集中在岸边的泥坑中，在那里消磨时光，并把那里弄得臭不可闻。象形海豹在生殖上是一雄多雌型。它们在南极的春天进行繁殖。八月中旬雄兽开始上陆，吼叫着在岸边徘徊。接着雌兽也上岸了，每头雄兽和20头左右的雌兽组成一个生殖群。为了争夺雌兽，雄兽间经常展开搏斗，战斗时它们先大声吼叫来威胁对方，接着就挺起前身靠后肢支撑着身躯，使出全力扑向对手。雄兽还会不顾一切地在雌兽群中互相追击，使得雌兽和小兽受伤或死亡。雌兽之间也经常发生争吵，小兽也会因此受到伤害，所以小兽的死亡率很高。象形海豹的数量原来是很多的，但现在已被人类捕杀得所剩无几。

我国海域中也有海豹分布。在我国的北方海域，每年冬季都有结冰的现象，特别是渤海的辽东湾结冰期长，从11月中旬到第2年3月中旬，长达130天左右。在盛冰期，固定冰的宽度达5～10千米，分布面积广，冰的厚度大。在人迹罕至，鸟兽难见的茫茫冰海上，海豹们在这里繁殖生育。在我国分布最多的是斑海豹。斑海豹以堆积起来的海冰为家。

初春，在天寒地冻的北国，小海豹就出生了。这时每个雌海豹的身边都躺着一只小海豹。小海豹刚生下来是有7～10千克，海豹双亲对小海豹照顾得很精心。雌海豹每天要喂奶多次。海豹母亲只给自己的孩子哺乳，它们是凭着声音在成千上万只到处乱爬的小海豹中找到自己的孩子的；如果别的小海豹要靠近它们的话，它们会毫不客气地将它们赶走。海豹乳汁中脂肪含量非常丰富，不到1个月的哺乳期过后，幼崽可长到50千克左右。刚生下来的小海豹柔弱无力，它们身上披着厚厚的白色绒毛，所以又叫“白海豹崽”。小海豹皮毛蓬松而柔软，还没有厚厚脂肪的身体就靠它们保暖。这种毛在制领子或制帽子时是非常珍贵的装饰品。小海豹身上蓬松的白毛使它游起泳来很不方

便，好在哺乳期内它们一般不下水。小海豹躺在冰上，衬以白冰为背景，远看像冰，近看似雪，不易发现。它们不畏严寒，随风飘荡，日子也过得悠然自得。但是由于在茫茫的大海上无遮无挡，冰块可能被吹到不利的环境中去；有时候天气会突然变暖，冰很快会被融化。所以斑海豹的哺乳期很短，仅有1个月。此后小海豹身上会换上短而硬的粗毛，这种毛不容易淋湿，不妨碍游泳，它们就可以下水了。哺乳期过后海豹妈妈已经变得骨瘦如柴了，这时它们不得不离开自己的孩子到海里去捕鱼吃，以增加营养恢复身体，准备下一次的交配和生产。刚断奶的小海豹由于找不到足够的东西吃往往会变得很瘦，皮下脂肪层大大减少。正因为如此，也培养了海豹忍饥挨饿的本领，小海豹甚至几十天吃不到东西也不会饿死。

斑海豹仅有1.5～2米长，最大的雄性个体也仅有50千克重左右，雌海豹还要略小一些，重约20千克。它们最主要的特征是身上长着一些灰白色的圆点，看起来很逗人喜爱，所以，它们是水族馆中的常驻居民。斑海豹若加以训练会表演很多节目，可以玩球还可以钻火圈，即使是在池子里游泳，也很吸引人，观众络绎不绝。有时它们也爬到池边的礁石上，这时它们的动作就显得格外笨拙，爬行起来非常有趣，常常引得观众哈哈大笑。斑海豹喜欢吃鱼和头足类，它们的食量很大，一头海豹一天能吃将近10千克鱼，因此如果数量多了会对渔业构成一定的危害。

海豹皮质坚韧，可以和牛皮媲美，鞣制后可以做衣服、皮鞋、帽子和皮包等。海豹皮下的厚厚脂肪可以提炼出油脂来，既可以点灯，又可以制肥皂。过去，因纽特人以及辽宁省复县、长兴岛、武岛等地的居民早期点灯用的全是海豹油。海豹肉营养价值很高，是因纽特人的主要食物。雄海豹的睾丸、阴茎和精索俗称海狗肾，是名贵的中药材，有健脑补肾、生精、补血、壮阳的作用。海豹的肠衣是制作提琴和吉他琴弦的最佳材料，肝脏含有丰富的维生素，是价值很高的滋补品，所以海豹一直是人们捕猎的对象。

南极是海豹分布最多的地方。南极海豹中以食蟹海豹数量最多，约占总数的80%～97%，整个南极有数千万只，分布最密的地方平均每平方千米可见到上百只。食蟹海豹以磷虾为食，吃食时上下颌并拢，齿就成了过滤器管。它们喜欢成群在冰上活动，有时还袭击人类。南极海豹中数量排第二的为豹形海豹，它们凶狠残忍，除了吃鱼和乌贼外，还捕食企鹅和其他海鸟，甚至它们还袭击其他的海豹。在它们的胃里经常发现海狮和海豹的躯体。豹形海豹攻击起人来也相当厉害。这种海豹喜欢独居，对偶尔遇到的其他同伴也很冷淡。数量上排在第三的是威德尔海豹，这类海豹身体粗重，喜欢生活在和南极大陆相连的固定冰上，在所有的海豹中它的分布最靠南。冬季它们在水下度过，并用牙齿在冰上钻洞以进行呼吸。它的潜水能力在海豹中是佼佼者。

每年春天，当海豹离水上岸时，也正是捕猎海豹的季节。不少国家都用装备良好的船只远涉重洋来到南极猎捕海豹。被猎捕最多的是食蟹海豹，其次是威德尔海豹。当捕猎队在岸上或小岛上发现海豹的栖息地后，就像发现金矿一样，立即进行疯狂的捕杀，悄悄地把这一地区的海豹捕尽杀绝。在19世纪初，仅一个季节就从南乔治亚岛获得112000张海豹皮。由于这种毫无限制的滥捕，致使海豹数量大减。为了保护南极海豹资源，国际上成立了南极海豹保护协会，并将南极划分为6个轮换猎捕区，当1个猎捕区开放时，其余5个都受到保护。

海象

提起海象，人们自然会联想起陆地上的大象。其实海象跟陆地上的大象没有什么特殊的亲缘关系，海象属于鳍脚类，在分类学上与海狮、海豹很接近。只是由于长着两枚长长的獠牙，才使它获得了海象这个称呼。海象是最大的鳍脚类动物，雄兽足有4米多长，4～5吨重，雌兽略小一些，但也有3米多长，600多千克重。海象身体大，力气也大，即使是杀戮成性的虎鲸也不敢小瞧他们，不敢轻易对他们进攻，一头成年的雄海象可以毫不费力地将一头发怒的北极熊驱逐得远远的。

海象皮很厚而且多褶，全身披满了短而稀疏的刚毛，体色棕灰，没有尾巴。头部很小，脑子仅有1千克重，眼睛不大，是个近视眼。上嘴唇很厚，上面长满了又长又硬的触毛。这些触毛感觉非常灵敏，可以用来探索食物。

海象有着厚厚的皮下脂肪，具有良好的保暖性能，所以喜寒不喜热。它们主要生长在常年积雪，寒气逼人的北极海域。在太平洋和大西洋中也有分布。海象喜欢在近岸生活，很少远离陆地和大冰块。平时3～5头海象一起生活，偶尔也会聚集成数百头的大群。大部分时间它们躺在冰上或陆地上睡懒觉，饿了的时候就跳入水中，在泥质或沙质的海底寻找各种底栖生物充饥。海象虽然力气很大，但由于脑袋小，没有什么智慧，所以天性怯懦，稍有风吹草动便落荒而逃。它们睡觉的时候往往有一头海象担任警戒。海象的嗅觉和听觉非常灵敏，当觉察到有危险的时候，便立即发出公牛似的吼声唤醒同伴，或者用獠牙碰醒身边的伙伴并依次将警报传递下去。海象的后鳍脚能向前弯曲，所以它们也能在陆地上行走。但是由于它们身体肥胖，在冰上爬行的时候显得非常的笨拙，就像一只滚动的肉布袋。而一旦下了水，它们马上就表现得非常灵活。游泳速度最高可达每小时25千米。它们可以潜入90米深的海底，每次潜水时间可达30多分钟。它们最喜欢吃的食物是乌蛤，有时也吃虾、蟹和各种蠕虫。

海象在海底觅食时，巨大的獠牙就像两把大铲子，频频地翻开泥沙，再用敏感而灵活的嘴唇和触须去探试、辨别。找到食物后，先用臼齿把壳咬碎，再将壳里的软体部分吸食进去。海象的胃很大，可以盛很多食物，人们曾在一头海象胃里发现60千克未消化的食物。海象是掘地能手，一次掘地200平方米左右才能吃饱。在食物缺乏的时候，海象也捕食大的海兽如海豹和一角鲸，在雄海象的胃里经常发现海豹的皮和肉块。有趣的是，它们在捕食这些海兽的时候并不是用獠牙将动物杀死，而是用鳍将猎物抱住，压在水底下淹死。

海象在水中交配，一头雌海象每2～3年才产一头小海象。母兽的孕期很长，大约需要一年的时间。小海象出生在春天，刚一生出来就有1米多长，重50多千克。小海象身上披满了棕色的绒毛，保暖功能很强，在它们皮下脂肪还没长厚以前帮助它们抵御北国的寒风。

雌海象的哺乳期为1年，在这期间母海象与小海象形影不离。经常看见小海象骑在母海象的背上或紧紧地抱住它的脖子在海中游泳。断奶以后

由于小海象獠牙尚未长成，不能获得足够的食物，还要跟随母海象生活2～3年的时间。这段时间里，如果小海象被捕，母海象会不惜冒着生命危险奋起营救，有时还会攻击捕象的船只，而如果母海象被捕，小海象则会一直叫着寻找母亲，有时竟跟踪捕象船几天不肯离去。

海象的皮很厚，是制革的原料，皮下脂肪厚15厘米，可以用来炼油，一头海象能炼油300多千克。海象油质地优良既可食用又可做工业原料。海象的肉可食，有点像牛肉。最令人感兴趣的还是海象的牙齿。海象的牙齿可以跟陆地上大象的牙齿媲美，可用于雕刻精美的工艺品，19世纪90年代，每年运往旧金山的海象牙多达一万枚，美国和英国船员也从阿拉斯加运来海象牙向中国出售。直到现在海象牙仍然是国际市场上的畅销货。海象身上有这么多人们可利用的东西，人们自然不会放过它们的。人类猎捕海象已有上千年的历史。近百年来仅在白令海就捕获数百万头。海象在危难的时候也会表现得凶猛勇敢，往往会跟捕象者决一死战。但这也改变不了它们的命运，由于不少国家竞相猎捕，其数量急剧减少，几乎到了濒临灭绝的边缘。近年来由于国际上对海象实行了保护，将其列为限捕对象，海象的种群有所恢复，现在如果坐船在北冰洋近海作环行航行，沿途会看到不少海象在冰上睡觉。

海狮

海狮也是一种海洋鳍脚类动物，世界上共有十几种。海狮的后脚能向前弯曲，使它既能在陆地上灵活地行走，又能像狗一样蹲在地上。这一点跟海豹不同，海豹的后肢只能向后伸，不能向前弯曲，所以不能在陆地上行走。由于有些种类的海狮脖子上长满了鬃状的长毛很像狮子，再加上它们的吼声也像狮子，所以把它们叫作海狮。

海狮的胡子特别发达，胡子根部的神经非常复杂，不仅可以通过触摸进行感觉，还可以接受声音，具有声音感受器的作用。海狮有着类似海豚一样的回声定位系统，它也能向周围发射声信号，并灵敏地收集返回来的声波。有趣的是，这些返回波就是靠胡子监听的。

海狮的智商很高，是水族馆中的明星。海狮记忆力也很强，学会了的本事，很长一段时间忘不了。有些国家的海军利用海狮的聪明，将它们驯养成海洋工作或军事上的得力助手。

海狮是水陆两栖动物，它们在陆地上交配、产仔和育儿。不管它们在哪个海区生活，到了生殖季节，都要返回到出生地去，甚至不惜远涉千里。海狮属于多配偶动物。繁殖季节一开始，身强力壮的雄海狮首先赶到繁殖场，在海岸上选好地方，划好自己的地界，等待着雌海狮的到来。一周后，雌海狮陆续上陆了，这些雌海狮都是大腹便便的，怀着前一年交配后的胎儿。雌海狮上陆后就进入了雄海狮们占好了的地盘，一般10～20头雌海狮和一头雄海狮生活在一起，组成一个临时大家庭。生物学把这种“大家庭”叫作生殖群或多雌群。通常情况下，雄海狮越是强壮，它的家庭成员就越多。雌海狮上岸不几天就产下小海狮。产后的雌海狮还没休息几天，雄海狮就又向它们求爱了。在一个生殖季节里，一头雌海狮会交配1～3次，一旦受孕成功就自动退出生殖群，后上来的雌海狮补充它们的位置。生殖季节里，雄海狮一旦上岸就不再下海，不吃也不喝地完成交配任务。一头雄海狮每天交配30多次，每次持续15分钟左右。它们完全靠体内积存的脂肪来维持其巨大的消耗。

由于一头雄海狮占领了很多头雌海狮，在繁殖场上就会出现一些无家可归的雄海狮，这些流浪汉气急暴躁地在生殖群外徘徊，经常趁着当家的雄海狮不注意，去勾引雌海狮。一旦被发现，打斗就不可避免地发生了。打斗的结果是：身强力壮的雄海狮拥有交配雌海狮的机会和权力，它们强壮的遗传基因得以传递给后代，有利于种族的进化，保证海狮的后代一代比一代更强。生殖期结束后，雄海狮们已经有些力不从心了，它们不得不遣散雌海狮群，然后纷纷跳下海各奔东西。此后，它们天各一方，难得相遇。为了使种族繁衍下去，它们又在来年的生殖季节集中上岸，集中交配。

雌海狮产仔很容易，整个过程仅用10分钟左右，很少见到难产现象。一般情况下一胎只生一个仔。初生的小海狮只有5千克左右，它们披着保暖很好的密厚的绒毛，刚一生下来就能睁眼，能爬动。它们跟母海狮待在一起，母海狮想换地方的时候，就像老猫衔小猫一样，用口咬着它们带走。海狮的乳汁很浓，脂肪含量高达52%，是牛奶的4～5倍，所以海狮哺乳次数很少，两天甚至一周才哺乳一次。尽管如此，小海狮们还是长得很快。雌海狮产下小海狮后

第五周就要下海捕鱼了，此后每2～3天，甚至10天才回来一次。可是，它们怎么才能在熙熙攘攘的海狮群中找到自己的孩子呢？研究发现，母海狮上岸后先是发出高声连叫声，小海狮听到母亲的声音立即高声答应，并急切地朝着母亲叫唤的地方爬动，而母亲也赶紧向小海狮迎过去。显然，母海狮和自己的小海狮的声音彼此非常熟悉，尽管繁殖场上狮声鼎沸，它们在相距很远的地方也能相互分辨得出来。当母子靠近以后，它们就互相嗅对方的气味，待确认无疑后，就开始喂奶了。

母海狮对自己的小海狮关怀备至，但对其他的小海狮则缺乏同情心。如果小海狮饿急了还是等不到自己的母亲，就会向其他的母海狮要奶吃，但别的母海狮是绝不会喂养不是自己生的幼仔，而且会气势汹汹地将它赶跑。假如这时小海狮不赶紧逃的话，母海狮就会用牙齿把它叼起来，向远处扔。这种情况如果被痛爱小海狮的雌海狮看到了，肯定少不了一场恶斗。平时两头母海狮打架也常拿对方的孩子出气。它们会寻机将对手的孩子推下山崖，这时吵架马上就停止了，母海狮得赶紧去找自己的孩子，找到后会对它百般安抚，并多给它喂一次奶。

繁殖期结束后，胖鼓鼓的小海狮们换上了新毛跟着母亲一起下海了。小海狮需要3～5年的时间才能性成熟，这期间它们大部分时间将在海上度过，性成熟后才会加入生殖群中。海狮的寿命大约30岁。

海狮主要捕食鱼类和乌贼，饭量非常大，在水族馆中，一头成年的雄海狮一天可吃掉40千克鱼。在自然条件下，由于它们不停地游动，能量消耗很大，估计每天捕食量是在水族馆中的2～3倍。

当它们在水中遇到渔民的定置网具时，就像一伙打家劫舍的土匪，闯进网内大吃一通，不仅把鱼吃得干干净净，还要将网具给扯得七零八落，所以渔民对它们深恶痛绝。

企鹅

说起企鹅，我们会想起在很多电影中都有的镜头：企鹅身着黑白相间的燕尾服，像绅士一样，一摇一摆地从冰上成群走过，那样子实在是惹人喜爱。

企鹅名称的起源至今还未弄清楚。一些历史学家说它起源于西班牙语，航海家曾赐予大海鸦的名称——潘戈，意思是“胖子”。这种海鸟长得很像企鹅，现已绝迹；另一些历史学家认为，它起源于威尔士语“潘昆”，意思是“白头鸟”，这是布列顿和威尔士渔民们为企鹅起的名称。早期的南极探险家们，摸不清企鹅是鱼类还是鸟类。它外观像鸟，可是既不会飞，又离不开水。确切地说吧，它们属于游泳海鸟。

企鹅用坚硬的翅膀划水，用脚掌变换方向，或潜水、或浮游，随心所欲，游泳速度每小时可达5～15千米。一般的企鹅游泳时，每隔2～3分钟浮出水面呼吸一次，皇企鹅可以18分钟呼吸一次。显然，企鹅是位技艺高超的潜游专家。

企鹅在陆地上的行走速度较慢，与人步行同速。人每步可以迈出50～60厘米，而企鹅每步只能迈出20厘米，所以它们的步子频率相当高，走路的基本功堪称一流。当企鹅行走疲劳时，它们就用胸部滑行，以此来节省时间和精力。企鹅上黑下白，这种保护色可以避开海豹、鲨鱼及海豚的捕食。从上往下看它，极像暗黑色的南大洋海水；从下向上看，又酷似海水折射后的阳光，很难辨认。大多数的飞鸟骨骼中空，以减轻体重，利于飞翔，而企鹅的骨骼则是实心的，这样可以增加体重、压载潜水。企鹅的毛密而坚韧，像是层层紧身服装。最内层的羽毛像一件密织的内衣，能够藏温保暖。厚厚的皮下脂肪又是上等的保暖、绝热材料。当气温升到零度以上时，它们就竖起羽毛，散热降温。

据出土的化石考证，企鹅类起源于4千万年前的始新世，那时的企鹅可能会飞翔。后来，随着翅膀的逐渐退化，企鹅慢慢失去了飞翔的能力。出土的2500万年前的企鹅化石比现在的企鹅要高大得多，身高约5英尺半，体重达150～200千克，和我们人差不多。

来到企鹅聚居地，就像光临身披羽毛的小人国。你看一只只企鹅身体直立，手垂两侧，一摇二晃地走着，俨然是怡然自得的绅士！观察一下企鹅社会，你会发现很有趣，这里有游手好闲的懒汉，也有含情脉脉的情侣；有低三下四的受欺者，也有骄傲蛮横的霸道者，还有那些不务正业的小偷和哗众取宠的小丑。

企鹅在海鸟中种类最多，有17种之多，对气候的适应性最强。它们并不都生活在白雪皑皑的冰区，有的企鹅甚至生活在温暖的亚热带地区。企鹅分布的地区从南极冰区一直延伸到福尔克兰兹的绿色牧场，从新西兰树木葱茏的峡湾，一直到加拉帕戈斯长满仙人掌的海边。在华氏零下76度的寒区，它们能够适应，华氏零上100度的亚热带地区也有企鹅的身影。世界上再也没有别的鸟类能够分布在如此广泛的气温带了。

企鹅的繁殖可以说是极不容易的。南极是个冰雪世界，尽管也有夏季，但在夏季，仍到处漂着浮冰。而这时的企鹅已经为自己生儿育女做前期准备，开始它们的觅食活动了。企鹅成群结队地涌向大陆沿岸的海水中，捕食海中的各种有壳类小生物和鱼，以增加营养，累积脂肪，为日后的繁殖打下基础。

来年的3月底和4月初，饱食了一个夏天的企鹅，个个长得肥肥胖胖的，开始登上冰岸，排成长长的队伍，蹒跚地向着远离大海的生育点进发，雌、雄企鹅结伴而行。在南极企鹅中，几乎所有的企鹅的配偶都是一生忠贞不渝。它们在行进中一方面扭动着身体蹒跚而行，一方面不断地鸣叫，通过声音寻找自己的伴侣，并进行交配。

6个星期后，它们到达了远离大海150多千米的内陆生育点，然后静

静地等待着生儿育女时刻的到来。到了5月，雌企鹅产卵的时间终于到来了，雄企鹅目不转睛地照看着雌企鹅，急切地等待着企鹅蛋的出现。当雌企鹅终于生下一个大约500克重的蛋时，雄企鹅立即迅速地用弯曲的喙把蛋卷到自己的脚上，放入两腿之间的肚囊里，用那肚囊下丰满暖和的羽毛把蛋保护起来，否则几分钟之内，企鹅蛋就会被冻成一个冰团。生蛋后的雌企鹅由于长时间没有吃东西，体力消耗很大，筋疲力尽，于是一只只雌企鹅就告别了雄企鹅，去大海觅食。

雌企鹅走后，孵化小企鹅的任务就落到了雄企鹅的身上。雄企鹅为了让自己的子女顺利出生，对孵化工作十分尽心。它们用肚囊紧紧地裹住蛋，生怕它掉出来。如果雄企鹅在梳理羽毛或修理遮挡物时不慎把蛋滚落了，它会迅速把蛋叼起重新放到肚囊里，以防把蛋冻坏或被其他企鹅抢去。

整个孵化工作需要两个月的时间。这两个月是冬季南极最寒冷的时期，到处一片漆黑，暴风雪肆虐。此时，雄企鹅挤在一起，或躲在遮挡物后面躲避风寒，它们几乎不吃不喝。这样经过两个月苦苦煎熬，小企鹅终于在雄企鹅的肚囊里破壳而出。这时候雄企鹅也消耗了很大体力，体重减轻一半，肚子空空的，没有东西喂养小企鹅。

当小企鹅挣扎欲出的时候，雄企鹅便发出轻微的呻吟，用喙把小企鹅露在外面的部分推进肚囊里，让小企鹅在肚囊里暖暖和和地住上一两天。当蛋壳从肚囊中掉出来时，饿极了的雄企鹅立即把碎蛋壳吃掉。尽管雄企鹅很饿，但还需从胃中分泌出营养液来喂养小企鹅，而自己仍继续在饥饿和寒冷中煎熬，等待着雌企鹅的到来。

我国科学家在南极阿德雷半岛上考察时发现，企鹅多是在迎风的高处做窝，这里的风雪十分大。在这里做窝的好处是迎风积雪能很快被吹走，企鹅蛋不会被雪埋掉。当猛烈的风雪横扫大地时，成千上万的企鹅眯着眼睛，毖缩于雪海之中，挤在一地，用自己浓密的羽毛身体保护着腹下的小生命，这情景实在令人感动。

直到7月，雌企鹅才在黑暗中回到了生育点。这时的雌企鹅也贮足了能量准备来哺育小企鹅。通过呼唤，雌企鹅找到了自己的儿女，在几秒钟之内，小企鹅就从雄企鹅肚囊中钻进了雌企鹅的肚囊。而这时的雄企鹅才可以离开雌企鹅重回大海觅食。

雄企鹅走后，雌企鹅又担负起哺育子女的重任。它每天从胃中吐出一点食物喂小企鹅，而自己只靠自身的脂肪度日。两个月后，小企鹅能离开雌企鹅的肚囊了，此时，南极的夏季又重新回来了。雌雄企鹅们可以自由地到海里去捕食，给小企鹅带回的食物就更多了。6个月后，小企鹅身体胖墩墩的，黑白相间，甚是可爱。它们都长大了，能跟随父母下海捕食了。

企鹅是南极大陆最顽强的生存者。它们是南极冰原的象征和主人。为了适应风雪严寒的生活环境，它们的生理特征也发生了相应的变化。例如，它们的羽毛呈鱼鳞状，彼此重叠，厚厚的绒毛能容纳大量的气体，形成绝好的热保护层，同时皮下脂肪很厚，同样具有良好的保温性。特殊的生理构造，使它们能常年生活在零下数十度的低温环境中。

南非企鹅

南非的企鹅主要分布在非洲南部和西南的沿海岛屿上。在开普敦西北方约50千米的海面上有一座小岛——达森岛，岛上住满了企鹅。科学家研究发现，这里的企鹅跟生活在南极的身高庞大的企鹅有着很大的区别，它们长到成年时身高也不过40厘米，体重不过3千克，可以称之为微型企鹅，或者是企鹅家族的侏儒。南非的企鹅尽管体格小，但同样具有企鹅家族华贵漂亮的外表，它们同样具有洁白的胸羽和黝黑的翅膀，但腿部是黑色的，所以有人又把它们叫作黑腿企鹅或者眼镜企鹅。达森岛可以称得上是企鹅岛了，尽管那里企鹅的数量已经今非昔比，但现在仍然聚集着企鹅群，数量达15万~30万只左右。

地处非洲最南端的南非不同于冰天雪地的南极，这里的企鹅不用承受南极肆虐的暴风雪和寒冷漫长的黑夜，所以，他们的生活要比南极企鹅幸福得多。海里面有着丰富的鱼虾，它们的生活悠闲而自在，但是，每当繁殖季节一到，为了寻找配偶，这些小企鹅们一改平时优雅从容的面目，变得焦躁不安起来。一旦它们找到中意的对象，就会激动得煽动双翅拍打两侧，同时欢快地大声叫嚷起来，似乎表示我们定亲了，从此组成新家庭。南非企鹅算是生物界忠于爱情的典范了，一旦结为夫妇，将终生相随，白头到老。

举行完仪式以后，新婚的企鹅夫妇一起在地上挖一个不深的坑，这就是它们的家，它们待在这里，一住就是十几年。通常每年一只雌企鹅产两三只蛋，然后雌雄企鹅轮流下海捕鱼，轮流孵卵。五六个星期后，小企鹅就出壳了，此时的小企鹅，一个个光秃秃的，非常难看，俗话说，母不嫌子丑。充满母爱的企鹅双亲，看到小宝宝破壳，自然喜出望外。它们知道，从此以后它们要担负起哺育孩子的责任。

以前南非企鹅的天敌不过是那些厚颜无耻的贼鸥，它们与南非企鹅终生相伴，一有机会就偷窃企鹅蛋。据专家估计，被盗走的企鹅蛋，可能占总数的一半左右，这个数字已经相当可观了。但是大自然有其自己的平衡法则，实际上，在正常的岁月里，企鹅的数量从来没有因为与贼鸥为邻而减少过。但是到了20世纪，人类的足迹踏上了南非海域中的小岛。人们发现，企鹅蛋味道鲜美，口感比鹅蛋好得多。于是，人便成了企鹅最大的敌人。当地人毫无节制地收集企鹅蛋，并挖走它们的粪作种植园的肥料，使得南非企鹅的数量锐减。19世纪前，数百万计的南非企鹅在非洲南部沿海一带的岛上繁衍生息，而如今只剩下达森岛这唯一的企鹅王国了。随着社会的发展人们越来越认识到保护环境对人类生存的意义。现在，那些为开普敦的餐馆收集企鹅蛋的活动已经被禁止，南非企鹅的巢穴也受到了人们的保护，就连采集企鹅粪的活动也受到了限制。如今在南非的达森岛上，人们仍旧可以观赏到一群群当地企鹅沿着小路，或在岸边漫步，或像箭一般地扑向大海的动人情景。

北极熊

北极熊跟我们在动物园中见到的大狗熊是关系很近的亲戚，都属于熊类，但是北极熊的长相却跟狗熊有着很大的区别。北极熊全身披着厚厚的白毛，就连耳朵和脚掌也被包得严严实实的，一点也不露，只有鼻子尖一点地方是黑的，所以它们又被叫作白熊。北极熊是北极地区众多动物中最有特点的代表，它们是北极地区的象征。北极熊的栖息地仅限于北极沿岸及浮冰区。北极熊向北分布很远，夏季，人们在北极点附近的冰原上，能看到公熊的出没，甚至还会看到母熊和小熊。为了寻找食物，北极熊不惜路途遥远，冒着暴风雪，在冰海上奔波数千千米。

北极熊是陆地上生活的最大的猛兽之一，体重可达一吨左右。由于它们捕食以海洋中的动物为生，所以具有非常好的游泳和捕食海中动物的本领。为了适应水环境，它们的体型跟森林里生活的熊有所不同。北极熊脑袋狭小，身体长扁，呈流线型，脖子长而灵活，两只眼睛紧靠头的上端，尤其是熊掌更具特色，宽大肥厚的熊掌就像桨一样既实用于在海水中划水，又适合在冰原上奔跑。与其他的熊一样，原来北极熊也是在陆地上生活的，由于北极地区到处是冰雪，陆地上很难找到食物，它们慢慢也就习惯了到海里去捕食。实际上，它们的食物几乎只有一种——海豹。

跟所有原野中生活的猛兽一样，北极熊在捕食的时候也表现出惊人的耐性。冬天，在冰面下的海豹为了换气，用牙齿在冰上凿一个不大的换气孔。找到了换气孔的北极熊会连续几个小时，一动不动地卧在旁边静静地等候，只要海豹的头一从换气孔中露出水面，北极熊就会立即扑上去，用熊掌抓住海豹并将其拖出海面。由于换气孔比较小，海豹的肋骨和盆骨往往会被挤坏。由此可见北极熊真是个大力士。

对于北极熊来说，春天是一段愉快的日子。海豹们都跑到岸上或冰面上来产仔，离开了海水的海豹，对于北极熊来说太容易捕获了。北极熊先在浮冰顶上找到猎物，然后利用冰块来掩护自己慢慢地向海豹靠近，最后一个猛扑，将猎物逮住。北极熊也很聪明，会伪装自己，当它们发现躺在浮冰上的海豹时，还会潜到水里推动一块不大的浮冰向海豹靠近。在这些食物丰足的日子里，北极熊们常常是饱食终日。它们捕到猎物后就饱餐一顿，然后躺在冰面上大睡一觉，睡醒了再到处游荡。在一般情况下北极熊只吃海豹的脂肪，其余的部分留给了北极其他的动物，例如：北极狐、白鸥、乌鸦等，它们会跟在北极熊的后面吃剩下的残食。

北极熊的食量很大，一次可以吃下70千克肉食。食物丰富的时候它们猛吃一阵，将食物以脂肪的形式储存在身体里面。在挨饿的时候可以慢慢地消耗。跟其他寒冷地区的熊类一样，北极熊也有“入蜇”的时候，所不同的是，北极熊的“入蜇”不像其他的熊那么有规律。北极熊在任何季节里都可以长睡，冬眠和夏眠是很正常的。

雄性北极熊5岁、雌性4岁即可达到性成熟。尽管在冰天雪地中生活，北极熊也不缺乏浪漫爱情。北极的春季是北极熊发情交配的季节。此时一只成年的公熊和一只成年的母熊在冰原上相遇了，经过最初的接触，相互有了好感。此后即一道四处漫游度蜜月。在此期间，它们会互相关照，彼此表现出对对方的倾心和眷恋。体态

娇小的母熊总是走在前面，体格粗壮的公熊则紧随其后，它们一前一后，相差不过三五步。北极熊有些大男子主义，在许多时候，强壮的公熊会欺负比它弱的母熊，会把母熊咬得鲜血淋漓，但大部分时候它们还是温柔相待的。发情期两只公熊相遇就很危险，它们可能会为了争夺配偶打得你死我活。母熊从来不参加公熊们的争斗，它们只是静静地等在一旁，等待着当胜利者的新娘。在自然界没有哪种生物的雌性个体会可怜弱者，它们总是选择最强壮的雄性做它们幼崽的父亲，这样才能生出优秀的下一代，使种族不断得以进化。

北极熊的蜜月大约有2个星期到1个月左右的时间。短暂的蜜月过后就各奔东西，不再一块儿生活。母熊的怀孕期为9个月左右，每年10～12月是母熊的分娩期，一进入分娩期，母熊离开浮冰上岸，在大雪堆中挖一个洞，洞里通常有好几个居室，洞挖好后，它再把洞口缩小成一个窄口，以保持洞内的温度。雌北极熊就住在里面产仔。这时正是北极的隆冬时节，外面冷得滴水成冰，而熊洞里的温度能达到20摄氏度左右。一般情况下，北极熊一胎产两仔，少数情况下一胎能产3仔或者1仔。新生的北极熊幼崽浑身光秃秃的没有毛，睁不开眼睛，听不到声音。他们的大小就像一只新生的小猪崽，浑身软绵绵的，没有一点力气。在整个冬天母熊一直待在洞穴里面，什么也不吃，全靠体内储存的脂肪营养维持的生命和哺育幼崽。北极熊的乳汁营养非常丰富，口味也很好，有点像榛子的味道，熊奶里含有大量的油脂，幼崽吃着这种奶长得很快。3～4个月后，当春天回到北极的时候，幼崽可长到15～20千克，这时它们就可以跟着母亲走出冰穴，到外面去见世面了。幼熊一般跟随母亲2年的时间，以后就要开始自食其力了。4～5岁后它们开始婚配生育，成立新的家庭。北极熊的寿命较长，有的可以活到40岁左右，它们在20～25岁的时候仍能生育。除了怀孕和哺育幼崽的时候，如果有食物的话，北极熊一般不进入洞穴睡觉。即使在是没有阳光的北极长夜里，许多北极熊仍然喜欢在冰原上四处游荡。

贼鸥

在南极乔治岛上繁衍着是一种极其凶顽强悍的稀有鸟类——南极贼鸥。贼鸥在世界上为数极少，是鸥鸟大家族的一个分支。据说，它只生活在南极，是受到国际生物保护组织精心保护的珍禽。

南极贼鸥，外形略大于普通海鸥，羽毛多呈黑色，喜欢在岛中的山包上建窝，并且习惯于成双结对的雌雄并栖，不像其他鸟类那样与同族群居，或与他族杂居。在南极，贼鸥有自己的王国及领地。贼鸥的家族观念似乎很强，有着极其严格的内外之分。生活中，它们一旦发现有外“族”介入，便会与其展开一场殊死血战，绝不宽容。在海岛上，常会发现多种鸟类的尸骨残骸，显然，那些多是贼鸥所为。有人曾亲眼看到过几只贼鸥疯狂地厮杀一只企鹅的惨状。这使人联想到自然界里绝非是一支优雅柔美的牧歌，其厮杀格斗的残酷性绝不比人类逊色。

贼鸥多在海岛上空飞翔，一般不到海面上活动，有时为追捕食物，也会飞到离岸不远的上空与猎物展开周旋。毫无疑问，贼鸥的飞行能力很强，其展翼翱翔的姿势剽悍暴烈，勇猛无比，否则，贼鸥也不能在环境条件极差的南极生存。乔治岛上的鸟类几乎无一能与之匹敌。如果你试图接近贼鸥的窝，它们便会显露出凶残狠斗的架势向你扑来，时而垂直俯冲，时而掠地滑行，势如疾风骤雨狂飙突降。此时明智的做法是：用厚厚的连衣帽紧紧裹住自己的脑袋，迅速退缩，避开贼鸥的攻击。当然，贼鸥一般不会主动袭击人类，只要你不做出侵犯它们的举动，哪怕你只隔它两三米远，它们也会熟视无睹，毫不介意。贼鸥的食性较广，似乎肉类和植

物类均可为食。当它们十分饥饿的时候也会偷袭考察队营地的食品贮藏处。一早醒来，人们会发现猪肉不翼而飞，鸡蛋壳洒了一地，而地面上尽是贼鸥的爪痕。

目前，南极乔治岛上的贼鸥绝大多数已被各国科学考察人员注了册。人们在小贼鸥刚孵出的时候，给它们套上脚圈，作为标志，以便观察它们的生活习性和活动规律。国际有关组织也采取了各种严格的保护措施。在乔治岛，贼鸥是严禁猎杀的，违者将会受到严厉的惩罚。

海鸥

海鸥飞处彩云飞，海鸥总是让人们想起美好的事物。的确，在蔚蓝的大海上，海鸥忽而搏击长空，忽而飞掠海面，平添一份诗意。

海鸥是美丽的，也是人类的朋友。舰船在无边无际、烟波浩渺的洋面上航行时，海鸥常常是“形影不离”地追逐着舰船飞翔。这种有趣的现象引起了人们的注意。经过研究观察发现，舰船、海鸥双方在海上同一空间活动都能得到好处。对海鸥来说，它可以利用舰船前进时形成的一股股上升气流，毫不费力地展开双翅，稳稳地托住自己轻巧的身体，滑翔在舰船上空；同时，它们还可以轻而易举地捡食被舰船螺旋桨打得晕头转向的漂浮在水面上的小鱼虾和船上抛弃的残食，可谓一举两得。海鸥飞累了，会毫无顾忌地落在船上“做客”。人们从不伤害它们。如果有人伤害它们或捉一只来玩耍，便会遭到海鸥群起而攻之。海鸥喜欢结群生活。“相亲相近水中鸥”，诗人杜甫曾写诗赞美海鸥的结群友爱生活。由于人们与海鸥在海洋上“和平共处”“人爱鸟，鸟知情”，海鸥便是海员、水兵的忠实朋友。对舰船来说，一旦在航行中遇到不测，沉船失事，海鸥会马上集成大群，在失事舰船上空大声吼叫，以引导救援舰船来援救。

在第二次世界大战期间，德国潜艇封锁英伦三岛，给英国造成很大威胁，英国海军为了对付德国潜艇，专门训练了海鸥作为发现潜艇的“报警器”，以弥补当时反潜艇技术难以及时精确定位的困难。他们利用海鸥喜欢跟随舰船，捡食舰船给它们带来的美味佳肴的习性，通过自己的潜水艇在水下不同层次，不断地向海面施放食物，引诱成群的海鸥前来争食。经过一段时间的训练，使海鸥形成条件反射，只要发现水下有黑影在运动，就会在海面上空尾随盘旋，期望食物浮上水面。英国建立在沿海及周围岛屿上的前哨观察站，一旦发现海鸥活动异常，就可判断出水下有情况。由于海鸥的这一功绩，英国人对海鸥有着深厚的感情，并立法保护海鸥。

海鸥还是海上航行安全的“预报员”。航海者乘舰船在海上航行，常因不熟悉水域环境而触礁、搁浅，或因天气突然变化而发生海难事故。富有经验的海员都知道：海鸥常降落在浅滩、岩石或暗礁周围，群飞鸣噪，这对航海者无疑是发出提防撞礁的信号；同时它还有沿港口出入飞行的习性，每当航行迷途或大雾弥漫时，观察海鸥飞行方向，亦可作为寻找港口的依据。

此外，如果海鸥贴近海面飞行，那么未来的天气将是晴好的；如果它们沿着海边徘徊，那么天气将会逐渐变坏。如果海鸥离开水面，高高飞翔，成群结队地从大海远处飞向海

边，或者成群的海鸥聚集在沙滩上或岩石缝里，则预示着暴风雨即将来临。海鸥之所以能预见暴风雨，是因为海鸥的骨骼是空心管状的，没有骨髓而充满空气。这不仅便于飞行，又很像气压表，能及时地预知天气变化。此外，海鸥翅膀上的一根根空心羽毛管，也像一个个小型气压表，能灵敏地感觉气压的变化。

海鸥身姿健美，惹人喜爱，其身体下部的羽毛就像雪一样晶莹洁白，曾为人们所羡慕而招来杀身之祸。早在19世纪中叶，欧美上层社会的贵妇人都爱戴有白羽毛装饰的帽子。为此，海鸥成了获取高利猎手的众矢之的，使其濒临绝种。幸好当时英国波士顿一个生物研究所的几位女研究员及时通过报纸等宣传渠道呼吁保护海鸥，并得到许多上层开明妇女的大力支持，而后又在美国马萨诸塞州成立了一个保护海鸥的协会，从而引起世界各国的重视，才使海鸥“家族”得以逐年恢复生机，繁衍生息下去。

近几年，由于我国注意环境保护和开展“爱鸟周”的宣传活动，来我国“安家落户”的海鸥数量逐年增多。海鸥在我国是“寒来暑往”的候鸟。某年二三月份，青岛海湾曾有上万只海鸥光临，这可是一件可喜的事情。1985年秋末冬初，成千上万只红嘴鸥首次光临春城昆明翠湖公园，此后，这种海鸥年年光临，数量年年增多。“人惜鸟，鸟恋人”这成为春城昆明的一大景观。但愿今后海鸥在我国沿海与江河湖泊常驻。

海鳄

现代的鳄类，其远祖生活在中生代，是恐龙的近亲。鳄类性情凶暴，常常一动不动地伏在海湾石丛中间，待小动物走近时，突然发动袭击，将其咬住。有时鳄也会主动攻击乘坐在小船上的人。它的尾巴不仅是游泳工具，也是有力的武器，其奋力一击，常能把人击倒，成为它的牺牲品。然而鳄类有一共同的弱点，它的启颌肌很弱，猎鳄者常利用这个弱点，先按住它的嘴巴，使那满布獠牙的嘴不能张开咬人，然后设法把它擒获。

与海洋哺乳类动物一样，鳄类也是潜水能手，有时甚至能潜在海底数小时而不溺死。有位挪威科学工作者对鳄类的这个特征进行了研究，认为它所以能长时间潜水，是因为它能精确地调节储存在血液中氧气的消耗。每当海鳄潜伏水下时，其心跳每分钟只有2～3次，血流量大大减少，此时其他器官的氧供应几乎中断，只保证脑的供应。

有位英国科学家发现，某些鳄类有吞食石块的习惯，就像一些家禽爱吃砂粒、碎石以助消化一样。他观察了尼罗河鳄，发现鳄为了找寻石块，有时不得不做长途旅行。一般来说，所吞食的石块约占其体重的百分之一。而那些未吞石块的鳄，其潜水能力不如已吞石块的鳄。据此，他推测，石块起到了“压舱物”的作用，有助于潜泳。

在非洲近海一带时常有鳄鱼从海里爬上岸来，伏在沙滩上晒太阳。这时一群千鸟喧嚣着从天而降，停落在鳄鱼的背上，兴高采烈地享用美餐。它们的食物是鳄鱼身上的小虫。而鳄鱼这时也一改其凶狠残暴的本性变得十分地温顺，任这些小东西在自己身上乱踩乱啄。当皮肤上的小虫被吃得差不多时，鳄鱼还会主动张开牙齿锋利的大嘴，让千鸟钻进去啄食寄生在它嘴里的水蛭和嵌在牙齿缝上的肉屑。千鸟的个头只比麻雀稍大一点，行动非常机灵敏捷，它们不仅能够清除爬满鳄鱼全身并使之非常难受但毫无办法的小虫，而且还能够为鳄鱼站岗放哨。它们在鳄鱼背上进餐时，总是警惕地监视着周围的环境，一旦发觉情况不妙，就立即惊飞，大声地尖叫着向感觉迟钝的鳄鱼报警。鳄鱼听到警报后就马上钻到水中隐藏起来。由于千鸟的种种好处，鳄鱼视它们为挚友。其实，这是动物界的一种简单的互惠共生现象。它们之间的关系很像犀牛和犀鸟之间的关系。

一亿多年以来，鳄类变化不大，很有“祖风”，因此它成了研究古代恐龙的好材料。现在世界上的鳄有25种，除两种生活在淡水环境以外，其余都生活在沿海的海湾、河口一带。常见的鳄有两种，一种是“西鳄”，分布很广，在南美、中美都有。另一种是“湾鳄”，多分布在东南亚地区。鳄类最大体长可达10米以上。

鳄肉可食，皮可制革，做皮包、腰带等，颇为珍贵。

海鬣蜥

在厄瓜多尔加拉帕戈斯群岛的海岸上，栖息着一种其外貌像史前动物的爬行动物，乍一看它们那古怪的样子着实令人生畏。有人把它们称作“龙”，其实它们并不是龙，而是海鬣蜥，世界上唯一能适应海洋生活的鬣蜥。它们和鱼类一样，能在海里自由自在地游弋。它们喝海水，吃海藻及其他水生植物。

加拉帕戈斯群岛的海鬣蜥共分7种。这种爬行动物的身躯比较长，最长的可达150厘米以上。群岛东南部的西班牙岛的海鬣蜥与群岛其他6种海鬣蜥有着明显的差别，其雄性海鬣蜥身上有红、黄、黑3色相间的斑，腿、足和冠则呈暗绿色，而群岛其他岛屿的海鬣蜥身上没有花斑，通身呈绿色或黄色。西班牙岛的雌性海鬣蜥产完卵并不马上离开穴，而是待在里面看守自己的卵，直到孵出小海鬣蜥为止。其他岛屿的雌性海鬣蜥则不然，它们产完卵，用土把穴口一堵就扬长而去。

动物学家认为，加拉帕戈斯群岛的海鬣蜥是由陆生鬣蜥进化而来的。在漫长的进化过程中，它们的形态发生了一系列变化。最明显的是，它们的尾巴比陆生鬣蜥的尾巴长得多，这使得它们能在水里随心所欲地游动。爪子也比较锋利，而且呈钩状，这样，它们不仅能牢牢地攀附在岸边的岩石上，不被大浪卷走，而且还能在有大海流的海底稳稳当当地爬来爬去，寻找食物。

加拉帕戈斯群岛的海鬣蜥还具有一些有趣的生理特点。例如，在它们的鼻子与眼睛之间有两个腺，这两个腺能够按一定周期把体内多余的盐分排出体外。但最有趣的是，这种爬行动物能自动调节心律。下潜时，心律减慢；升到水面时，心跳加快。在预感到鲨鱼即将来临时，能立即停止心脏跳动，使敌人不易发现它们。科学家们曾做过这样有趣的试验：在一只海鬣蜥身上安装一个微型遥控探测器，然后把它放进海里。当科学家从远方向它发出危险信号时，它立即停止心脏跳动，停跳时间竟长达45分钟。

海鬣蜥的皮很坚实，可以制作精致的皮鞋、皮箱、旅行袋等。这种皮货在国际市场上颇有销路，价格也相当昂贵。

翻车鱼

在风和日丽的日子里，在热带和温带的海面上经常看到身体庞大的翻车鱼在水面上悠闲地晒着太阳。其实翻车鱼并不是总躺在水面上晒太阳的，当天气变化刮风或下雨的时候，它们也会早早地沉落海底躲起来。一般的鱼都是用鳔调节身体的浮力来控制升降，而翻车鱼则以厚厚的鱼皮和含水较多的肉体来调节浮力。翻车鱼可以潜入很深的海水中，因为在它们的胃里常发现一些深海鱼类。

翻车鱼的身体很大，体长可达3～3.5米，重达1～3.5吨。它的样子有些滑稽，鱼体高而侧扁，身体好像后面被削掉了一半，只有前半部，看不出鱼尾。它的头很小，眼睛很小，最可笑的是它的嘴巴也很小，这么大的一条鱼长着一个像鹦鹉一样的尖尖的嘴巴。它还有一个高高竖起的背鳍，像一张三角形的帆。

翻车鱼个头虽大竟然没有什么游泳能力，仅仅靠两片鳍的扇动来控制身体的方向，或者干脆随波逐流。由于它们常在海面上缓缓飘动，好像一段漂动的木头，日本人把它称为浮木。又由于它们喜欢在天气晴朗的日子里浮出水面，美国人把它叫作太阳鱼。而中国人呢干脆形象地直接把它们叫作海洋中的懒汉鱼。翻车鱼嘴小，又懒，所以没什么资格挑食，一般能吞得下的生物它们都吃，食性很杂，主食为小鱼小虾。

翻车鱼尽管身体很大，但大部分都是骨头，鱼肉仅仅占体重的十分之一。它们的肉鲜美、洁白、细嫩，营养价值极高，台湾渔家称它为“干贝鱼”“新妇啼”等。因为鱼肉中水分含量较高，煮熟后会缩得很小，在新娘子刚过门负责三餐的烹煮时，如果遇到这种情况，怕婆婆责怪其偷吃，常常暗暗流泪叫苦，所以又称“新妇啼”。翻车鱼的肠子很短，但吃起来味道奇佳，市场上价格昂贵。台湾有一道名菜“炒龙肠”就是以其鱼肠为主料，辅以其他佐料制成，吃起来又脆又香，令人回味无穷。翻车鱼的皮很厚，可达10厘米，可以用来熬炼鱼油和明胶。鱼油是精密仪器的良好润滑剂；鱼肝可以用来制鱼肝油。总而言之，翻车鱼浑身都是宝。

由于翻车鱼形状怪异，它们也是水族馆中的宠物。但要把它们饲养好也不是件容易的事，当水池中水的盐度、温度或其他条件令它不满意时，它会大发雷霆，甚至撞墙自杀。日本有一个水族馆将鱼池的四周都用尼龙薄膜护住，翻车鱼自杀不成也只得活了下来。翻车鱼的另一个特点是产卵很多，一次能产数亿只卵子，但它们的成活率很低，数亿只中也只有一两只左右能活下来长成成鱼。不过这样也就够了，完全能维持其种群的繁衍生存。

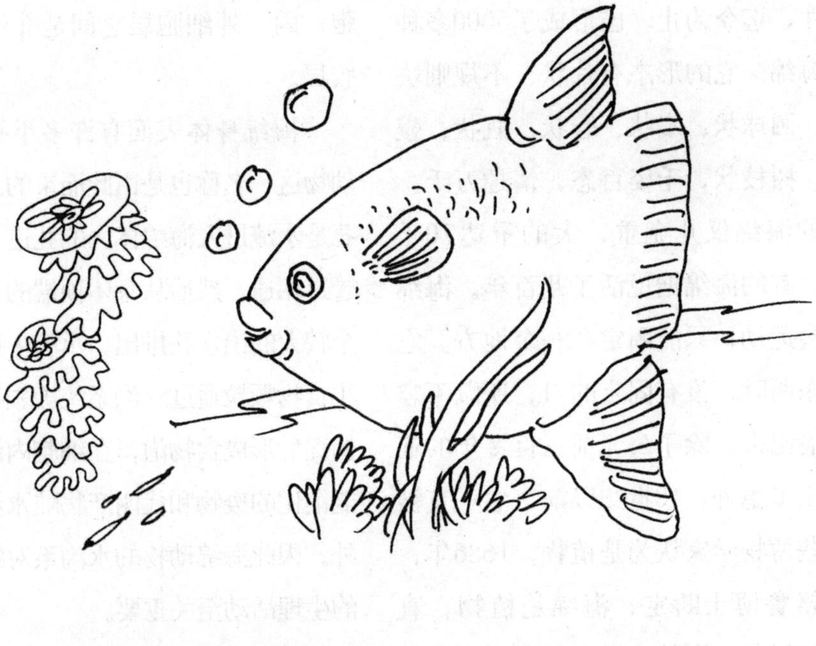

海绵

潜水时，人们经常会看到一些不动的，呈杯状、碗状或多角形的像丝瓜秧一样的东西，那就是海绵。海绵是多细胞动物中最简单的一类。它远在5亿年前就已在地球的水域中存在了。由于各种复杂、多变的生活条件，迄今为止，已形成了5000多种的海绵。它的形态有片状、不规则块状、圆球状、扇状、管状、瓶状、壶状、树枝状，千姿百态，情趣万千。小的海绵仅几克重，大的重达70千克，有的海绵据说活了几百年。海绵不会运动，只能固定在一个地方。它吃东西时，没有固定的口，所以不容易看出来。除了公元前三百多年的亚里士多德外，18世纪以前，它一直被一些博物学家认为是植物。1686年，据格鲁博士断定，海绵是植物；直至1825年，海绵才被科学家确定为动物。

海绵动物又称多孔动物，是原始且低等的多细胞动物。它们身体构造简单，没有明显的组织分化，整个身体多由内外两层细胞构成。外层是扁平的表皮细胞；内层主要是具有原生质领、用以捕获食物的领鞭毛细胞；内、外细胞层之间是非细胞的中胶层。

海绵身体表面有许多小孔，多孔动物这一名称也是由此而来的。进水小孔是水流进入海绵体内的孔道，与体内管道相通，然后从身体顶端的一个或几个较大的出水孔排出。水流中携带的微小食物颗粒通过水沟系统被领鞭毛细胞捕捉后形成食物泡，在细胞内消化；不能消化的废物和代谢产物随水流排出体外。因此海绵动物的水沟系对维持生命的生理活动至关重要。

海绵靠自身分泌的钙质、硅质的骨针或角质海绵丝来支持身体，起着骨骼的作用。海绵骨针的形状往往是分类的依据。

海绵虽然没有神经系统，可是如有蠕虫等小动物伸到海绵的出水口，海绵出水口部分的肌肉立即收缩，使出水口变小或封闭，外界动物不能侵入。此外，海绵一旦受到其他动物攻击，会放出一种有毒物质，借此采取主动以吓唬“敌人”。如果水中出现了污染物质，或是鱼来啃咬它时，它也会发生收缩反应。

海绵大多数是雌雄同长在一个个体上的，可是由于它们生殖器官的成熟期不相同，所以不可能自身受精，只能异体受精。当精子成熟以后，离开海绵母体，散游水中，随水漂流，游入其他成熟的海绵，与其卵母细胞结合，这种生殖方式称之为有性生殖方式。另一种生殖方式是无性生殖，海绵身体的某一部分的细胞分裂形成芽球，然后发育为新的海绵个体。它的芽体能够忍受极冷和十分干旱的条件，当条件适合时，芽球就会发育成长为新的海绵，体形较大的海绵会在体旁长出一些枝杈，当受到风暴、海流的影响，枝杈从主体海绵上断裂开来，随水漂流，在适宜条件下发育成完整的海绵。

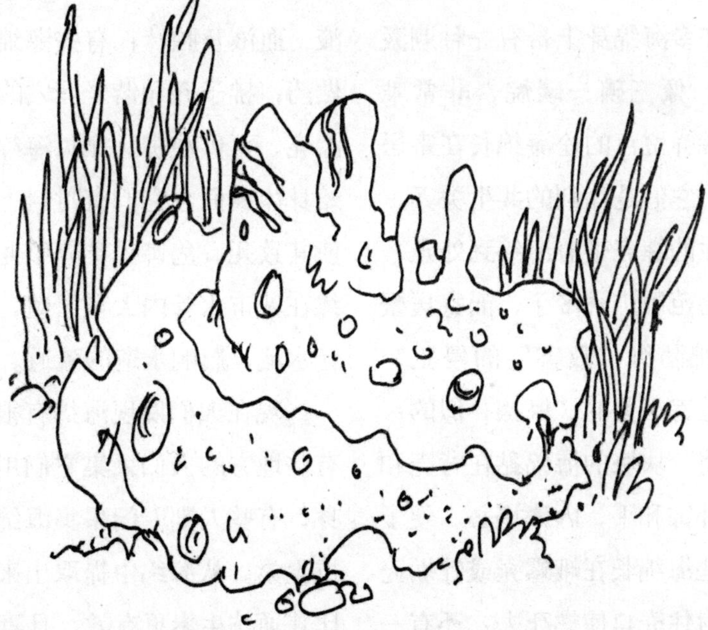

有的科学家曾经将海绵捣碎，用筛子过滤，使分散了的海绵细胞平铺在玻璃皿底，如挑一点细胞放在显微镜下观察，就会发现这些细胞都在活泼地移动着，其中三五个细胞团聚在一起，而且每团细胞都可再生，变成一个个新的海绵。如果将不同种的海绵捣碎混在一起，两种海绵的细胞会各自团集在一起，生成新个体。现在在地中海、红海、大西洋沿岸的居民，将海绵切成小块用绳子缚住投入海中，经过2～3年后，等它们长成了成年海绵，再取上来，以获利润。

有些动物钻进海绵的身体里去住，但差不多没有什么动物敢去吃它们，因为许多海绵身上带有一种刺激性的气味，像三碘一碳烷，非常难闻。有一种鲜橙色的栓海绵长在寄居蟹螺壳上，它们是互利的共生关系，寄居蟹借住的螺壳带着海绵到处走，使它找食的范围广阔多了，而寄居蟹却依靠海绵防御“敌害”的侵犯，海绵好像是寄居蟹的“保镖”似的；普通沙蟹将一块块的海绵黏在背壳和肢腿上，外饰和平，内藏祸心，便于掠食；有些海绵长在峨螺壳或牡蛎壳上，竟会封住壳口使螺死去；还有一些海绵与细小的水藻共栖在一起，它身上长了许多细微的藻类，多的时候全身都变成绿色了；地中海里的乌贼喜欢将卵产在一种燧石质海绵体的孔内；海绵中有一种硅质海绵叫作“偕老同穴”的，可算是海绵中最美的一种了，它们分布在菲律宾和日本的沿海，“偕老同穴”的体腔内常有一对雌雄小虾钻入居住，它们长大后就无法从海绵体内钻出去，直到老死在海绵体内，也有人称之曰“俪虾”，日本人将它作为爱情忠贞的象征，当作结婚时的礼品。

浴海绵富有弹性，吸收液体能力很强，在工业和医药上用它来吸收药液、血液及脓汁；有些海绵的芽球可做药；拂子介和偕老同穴的骨骼非常漂亮，可供观赏；穿贝海绵固着于豪蛤身体表面，它们有时封上豪蛤的口使其致死，危害贝类养殖业；淡水海绵在城市水管内大量繁殖，能堵塞水管水流，影响水道的疏通。

现在人们发现海绵有很多用途。有些地方的人们采集它们用来洗澡擦身，有些人则专门采集海绵用来提取抗生素。从海绵中提取出来的抗生素比普通抗生素更有效，且毒性更小。

蜞鳅

1960年，香港的一家杂志刊登了一篇题为“是龙王借伞吗？”的文章，大意是：有一对年轻情侣乘游艇游览，开出不远，一阵轻风忽然把少女手里的一把花伞刮落海面。她的男朋友急忙调转船头，前去打捞。可是，他揪了一下花伞，只觉得很沉，像是长了根似的。再揪几次，花伞依然不动。这时，两个人同时拼命用力，差一点把小艇弄翻。后来，花伞晃晃悠悠，逆风而上向远方漂去，很快在视野里消失了。一时间，“龙王”借伞的故事成为一些人街谈巷议的话题，并且越传越神，离奇得不可思议。

其实，花伞的丢失，很可能是一

种名叫“水下狐狸”的鱼干的。因为这种鱼性情活泼，善于戏斗，个大体悍。它的这种癖好完全是由于生活习性决定的。

渔民习惯称“水下狐狸”为“阴凉鱼”，学名鲯鳅。你知道吗，海洋中一般的上层鱼类都喜欢抛头露面。它们一会儿簇簇嬉游，一会儿又蹿跃溅浪。可是，鲯鳅这种上层鱼类却与众不同，它们总是默默地在水中潜游，或悄悄地躲在海面的漂浮物下面。是它们胆小怯懦吗？不是的。它身长1米有余，重约十几千克，可谓体大剽悍。漆黑的脊背上长满了金光闪闪的斑点，背鳍既宽且长，从头至尾连在一起，犹如马鬃竖起；吻部方圆，锐齿外露，相貌颇有些凶悍。另外，它的游速很快，一般可达每小时30～50千米。因此，这个凶神一旦露面，其他水族同类只得退避三舍了。它们喜欢躲在漂浮物下面，开始，渔民们以为它忌讳阳光，喜欢在阴凉处栖息，所以得名阴凉鱼。后来，人们终于发现，这种属于热带和亚热带的鱼种洄游到我国沿海时，多在盛夏，越是烈日炎炎的天气越大群出现；而乌云欲坠或大雨倾盆的时候，它们则全部从漂浮物下撤走，深潜海底，所以，叫它为“阴凉鱼”并不恰当。不过，它这个“水下狐狸”的绰号却不辱没它。

首先，让我们观察一下它的生活

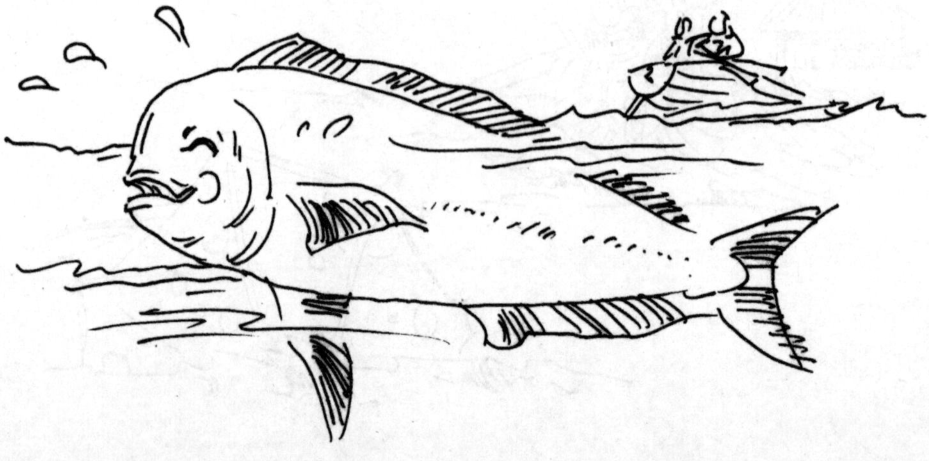

环境。浩瀚的黄海海面蔚蓝、清澈，这就使得“狐狸”的活动极为不便，只要它稍有游动，立刻就会暴露。在漫长的生存竞争中，“水下狐狸”依靠拼命游动的猎食方法来维持生活越来越艰难了。于是，蜞鳅就学会了巧妙地利用地形、地物藏身蔽体的本领，选择背光的地方藏起身来，然后等待鱼儿路过，便出其不意地袭击，结果不费多大力气就能饱餐一顿。然而，有时候漂浮物附近好几天也没有鱼儿经过，即使这样，它们也很少另投别宿，而常常是死守原地。不用担心，它们的死守原地并非等死，只要抬起头便可啃到漂浮物上附着的小虾或浮游生物。当然，这为数有限的东西，往往使“狐狸”们的“三尺肠子，闲着二尺五”。有趣的是，有些死守原地者，往往都是那些“先知先觉”而且善于神机妙算的老手。等不多久，肯定有大批的鱼儿来访，这要比东奔西跑，为饥饿而奔忙者实惠得多。蜞鳅的另一个特点是：它会像陆地上的狐狸一样，危难之时躺下装死。海豚的聪明是人所共知的，一般说，海豚捕到食物后先要玩耍一番，然后再活吞下去；若是猎物已死，海豚则以为是捡到的“残渣剩饭”而不屑一顾地抛弃掉。蜞鳅似乎已领悟了海豚这一着，每当它不慎落入海豚口中时，便立刻装死，就这样总能屡屡死里逃生。夸大一点说，就是那些饱经风霜，富有经验的老渔民，有时也免不了被“狐狸”弄得哭笑不得。所以，“水下狐狸”这个绰号安在它的身上是再贴切不过了。

水母

水母没长耳朵，“听”力却超群出众。每当航船经过水母稠密区时，只见船的四周尽是一片淡红；再一细看，淡红色的圆盘时起时浮，密密麻麻，加之碧绿色海水的映衬，仿佛置身于荷塘之中，美不胜收。当你赏心悦目之时，忽然水面上的“荷花”刷地一下子消失了。等船舶远去，它们又蹿头蹿脑地露出水面。水母到底是怎样听到船舶的声响呢？后来，人们终于发现，在水母的头部皱褶里隐藏着许多淡红色的小虾。这些奇特的小虾大小跟红蜘蛛差不多，别看它小得可怜，但行动却非常敏捷。这些小家伙生来就跟水母在一起，水母便成了它的宿主。这种共生关系配合得非常默契，每当水母到达一个理想的海区，首先让这些小虾饱餐一顿，而后自己才开始进餐。小虾们也从不忘记主人的“优待”，十分警惕地给水母当好“卫兵”。一旦小虾发现周围有异常现象，它们则迅速地钻进水母头部的皱褶里，小虾的钻动是给水母通风报信，顿时水母迅速下潜入水。

有人曾做过这样一个有趣的试验：将活水母身上的小虾统统清除干净，然后将其放进一个特制的海水池中，结果这个没耳没眼的水母失去“卫兵”照样生活得很自在。但是一旦将小船放入水池，这个水母就立刻消失，这是什么原因呢？原来，在水母体内有一种特别精密的听觉器官——耳石。水母依靠“耳石”能“听”到非常微弱的次声波。于是，水母奇妙的“隐身法”终于真相大白了。

在餐桌上被人们叫作海蜇的水母味道鲜美，但极不容易储藏，人们曾使用冷冻的方法，将它冻成海蜇块储藏起来，但融化后鲜食，美味将会大减。而且这种冻海蜇弄不好会引起中毒。

海蜇皮是人们最喜爱储存的，到了喜庆节日或招待朋友时，会为菜肴增加一些特色，但储存不得法，照样会腐烂变质。因此，买来少量的海蜇皮，最好储存在干净的罐子里，然后撒上盐，封好盖儿，这样可以长期保存。食用时捞出一些放在淡水中，泡去盐渍，便可食用。切莫沾上油脂或污垢，一旦沾上少许油脂，即使加盐再多，封闭再严也是徒劳的。

水母喜欢生活在洁净的海域。过去黄海、渤海由于受到石油严重污染，迫使水母背井离乡。因为油污一旦沾在水母的体盘上，将会使它的各种功能器官阻塞，引起这些器官坏死，以致水母糜烂死亡。另外，污染海区的浮游生物大量死亡，迫使水母以有毒生物为食，结果使水母数量日趋减少。

僧帽水母

僧帽水母是腔肠动物门的一种，它属于水螅虫纲，呈蓝青色，浮囊两头尖，底平，形如僧侣的帽子，因而名叫“僧帽水母”。它的浮囊上有发光的膜冠，能自行调节方向，借风像帆船似的在水面漂行。

僧帽水母是群体动物，分布在太平洋各暖海。从船上观看它们，景象极为动人：一个个透明的浮囊随波漂浮，蓝紫色的光彩在阳光下不停地闪烁着，长长柔软的触手像一条条美丽的绸带……然而，这样美丽的动物却使得许多人惧怕，那宛如绸带的触手，被人们称为“毒手”，因为上面布满了无数含毒的刺细胞，刺细胞里所藏的毒液与眼镜蛇的毒液一样厉害。这是一种神经毒，半尺长的鱼被它蜇刺后，很快就会死去。曾经在美国东海岸的一处海水浴场发生过一件令人恐怖的事件：人们看到一位游泳少年的脖子和手臂上缠着一条条古怪的蓝色“海妖”，一时间，海滩上的人们惊恐万分，说是海里出现了一种蓝色的“海妖”。其实那就是僧帽水母。人们把那少年送到医院，医生给他戴上氧气面罩，苏醒后要他做深呼吸，可他喘不过气来，于是又晕了过去；再次醒来时，发现自己的胸、颈和胳膊上尽是一条条红肿的“鞭痕”。

这么可怕的动物，却有一种军舰鱼并不怕它，并且跟僧帽水母建立了一种共生关系。军舰鱼在僧帽水母周围游着，如果离开僧帽水母远了，一些其他种类的大鱼就会向它们发起攻击。这时军舰鱼就赶紧钻进僧帽水母的触手中，大鱼跟着冲进去，就会陷入“毒手”，成为僧帽水母的美餐。作为酬谢，僧帽水母允许军舰鱼吃掉它触手上的残食。

过去人们认为，僧帽水母之所以无法伤害军舰鱼，是因为军舰鱼动作敏捷，能避开水母的触手。近年来，美国迈阿密实验所的莱思博士推翻了这种说法。他收集了许多跟军舰鱼一般大小的其他种类的鱼，并测出毒死这些鱼需要多少僧帽水母的毒液，然后将十倍于这个量的毒液施于军舰鱼身上。结果发现，它们安然无恙。

人们对僧帽水母的毒液做了一些研究，发现这些神经毒是一种能够使神经错乱的蛋白质，冷藏6年之后，毒液的毒性依然不减。有人曾误踏了已经干瘪的僧帽水母触手，结果脚痛得像火烧似的。这种毒在水里发作得很快，几分钟时间，就会使受害者的血压急剧下降，呼吸困难，脉搏无力。曾有一位科学家在水下被僧帽水母蜇了，他立刻感到浑身灼痛，进医院后就休克了。幸亏抢救及时，才保住了性命。不过，2个月后，他脑门上红红的伤痕仍未褪去。而一位叫古德曼的退休商人就没那么幸运了，1964年的一天，他游泳时不幸被僧帽水母蜇伤，逃回沙滩后就不省人事了，尽管医生们全力抢救，仍未能使

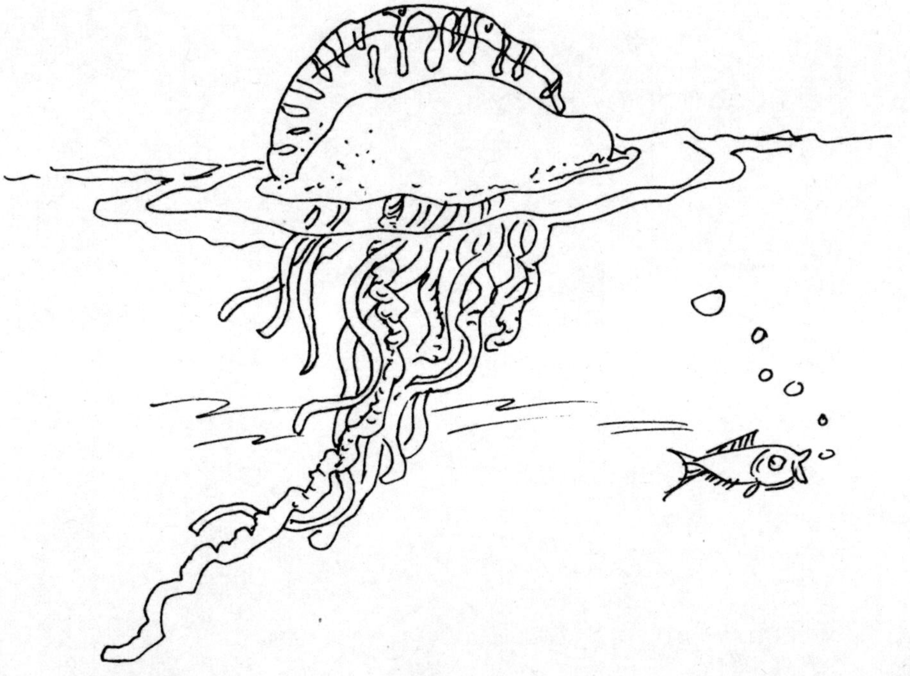

他起死回生。

难道僧帽水母就这样“所向无敌”了吗？不，大千世界总是一物降一物，僧帽水母仍然是有天敌的，这在海明威的《老人与海》里也有生动的描述：带虹彩的气泡也很美丽，然而它们是海里及其虚幻的东西，老头喜欢看见巨大的海龟在吃它们。海龟发现它们以后，就从下面游到它们跟前，然后闭上眼睛，身子完全缩进龟甲里，再把它们连同触手一并吃掉……

海明威在这里提到的“巨大的海龟”很可能是棱龟，它重达250千克以上。这种海龟冲进水母群之后，就好像秋风扫落叶一般，所到之处，水母纷纷落入龟口。海龟嘴上挂着一条条水母触手，两眼被蜇得肿了起来，但它满不在乎。看来，这种海龟与军舰鱼一样，对僧帽水母的毒液有相当的免疫力。如果能早日揭开这个难解的生物免疫之谜，那将是受水母伤害者的莫大福音。

海参

盛夏的一天，劳累了一天的人们纷纷投入大海的怀抱，享尽人间之乐趣。突然在前方礁石处，有一个像黄瓜似的动物，在慢条斯理地游动着，它对周围的一切好像视而不见，充耳不闻；正在这时，在它后方有一条大鱼正直追上来，眼看那黄瓜似的动物就要落入虎口了。说时迟，那时快，转眼之间，但见那“黄瓜”将一团又腥又臭的东西喷放出来，自己却逃之夭夭。这一幕并非电影中的虚幻镜头，而是发生在海洋中实实在在的事情。

那么，“黄瓜”喷出的是什么东西呢？好奇的人们仔细一看，不禁大吃一惊，原来是一副肚肠内脏，吐出肚肠迷惑敌手，真可谓“舍车保帅”了。

人们知道海洋里的乌贼，可施放墨汁来迷惑对方，而这个动物竟用内脏来保护自己。其实，熟悉它的人们根本不会为它担心，过不了多久，一副新肚肠内脏会重新在它的体内完整地长出来。这是一种什么海洋动物呢？说起来可能出乎你的意外，是你知道的动物，只是相逢不相识罢了，这就是海参。

海参除了有抛肠救生的本领之外，还有一种分身技术，它可以把身体一分为二。当你把它拦腰截成两段，过不了几个月，这两段就各成一个有头有尾完整的新海参了。是什么造成海参有这种奇特的本领呢？原来海参体内有一种结缔组织，它是一个细胞群。结缔组织有两种状态：一种是工作态，执行生理机能的功能；另一种是造形态，是进行器官再生补偿功能的，也就是修补受伤或坏死了的细胞。当你用显微镜来观察，可以清楚地看到这种细胞群迅速恢复机体的功能。一条海参可一分为二，那这样用截断海参的办法来大量繁殖岂不容易？实际上这是行不通的，因为海参的生长期相当缓慢，要花整整三年的时间才能生长成商品海参那样的大小。

海参还有一种奇怪的特性，如果把一只硬邦邦的活海参，拿在手中不及时加工，过不了多久，它就会像变魔术似的变成一摊鼻涕似的黏液，这到底是什么原因？至今还是一个谜。

海参对于人们来说，最为可贵的特性，还在于它能预报天气。出海的渔民对于天气的变化，特别是风暴的降临，是十分关切的，而海参每到狂风到来前夕，便纷纷躲避在石缝等安全地带避难。据此，有经验的渔民往往利用海参的这一习性，来判断风暴的来临，及早做出应急措施。

说起海参，人们都知道它是美味佳肴，在海味八珍中，海参是榜上有名的。

海参还有相当高的药用价值，《本草求原》说它“润五脏，滋精利水”，《纲目拾遗》说它“生百脉血，治休息痢”。可见医生们早已认识了它。在古代的医书中还有这样的记载，说海参有“滋阴、补血、壮阳、调经、养胎”等多种功能，难怪古人有“辽东海滨有之，其性温和，足敌人参，故曰海参”这样的话。所以，古人把海参与人参相媲美是不无道理的。在现在民间中，也有种种利用海参作药材的处方。

海参在海洋动物世界里，呈现一个怎么样的角色呢？海参的身体为长圆筒形，像个大黄瓜，背部有肉质突起，很像菠萝的外皮，样子确实不雅观，它没有眼睛，也没有头和尾的区别，体的前端中央生有许多小孔，这就算是它的嘴了。全世界海参大约有1000余种，我国沿海约有海参60余种，其中食用海参最大的为产于西沙一带的梅花参，长达1米以上，晒成干品一个也有0.5千克重。有趣的是梅花参肚子里专门生活着一种吃其残羹剩饭的小鱼名叫隐鱼。这种寄生鱼长约20厘米，它们共生共存，这也符合海洋界常见的一个规律。

各种海参大多数生活在岩礁、沙泥底，活动十分缓慢，以海底泥沙中的腐殖质、有机碎屑、小型动植物为食。与一般动物不同的是海参没有“冬眠”，却有“夏眠”的习性。当夏季水温上升到20℃以上时，它们便聚于隐蔽场所，不吃不喝，身体紧缩，终日昏睡，直到秋季之后又开始觅食。这是为什么呢？因为入夏以后上层海水温度上升，海底小生物都浮到水面进行一年一度的繁殖，而留在海底的海参无法进入海洋上层，由于食物来源中断，海参就不得不在夏季进入休眠了。

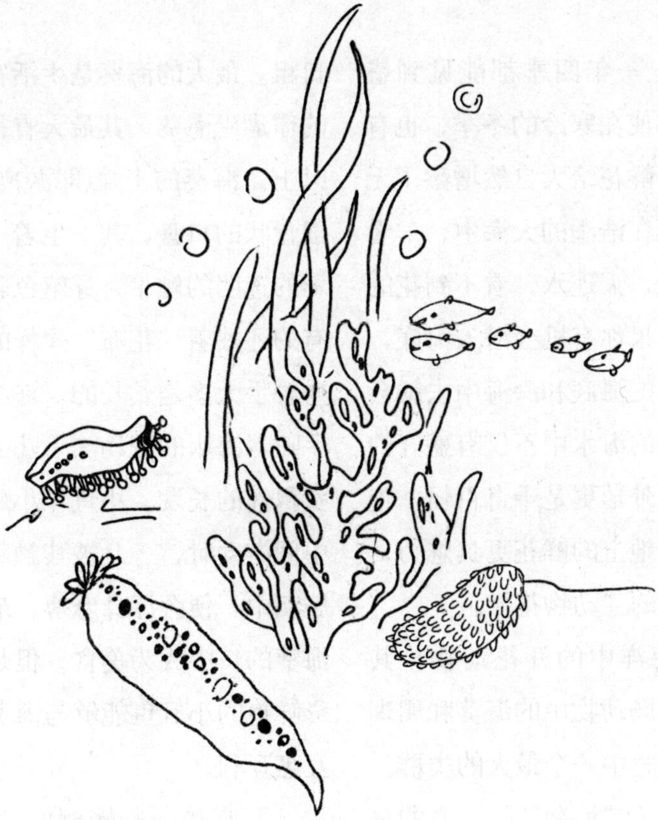

海葵

在陆地上一年四季都能见到盛开的鲜花，即使在寒冷的冬季，也有绽放的梅花。鲜花给大自然增添了无限的生机，而在浩瀚的大海中，乍看起来，水连天，天连水，看不到花的踪影。可是如果你有机会潜入海底，尤其是到热带的海底和深海中去就会发现，在苦咸的海水中不仅有盛开的“花儿”，其外形更是千奇百怪，艳丽异常，比陆地上的鲜花更具魅力，这就是海洋中的“动物花”。

生活在海洋中的开花动物，其种类很多。腔肠动物中的海葵和珊瑚是海洋开花动物中一个最大的类群。海葵被人们称为“海菊花”，它的分布很广，沿岸浅海中的礁石上或水草上、热带珊瑚礁中、深海海底的贝壳上、岩块上等，都是海葵固着的场所，它们的身躯多半呈圆锥状，有的较为扁平，小的如手指细，大的有碗口粗。最大的海葵是生活在珊瑚礁中的珊瑚礁海葵，其最大直径在30厘米以上。海葵的上端(即游离的一端)为圆盘状的口盘，其上生着一圈圈带色彩的透明的触手，身躯色彩更艳丽，有的还披着“花布”式样的外衣。花瓣触手大多是长长的，许多细长的触手随着海水的流动漂来荡去，犹如少女飘逸的长发。小鱼和小虾们在海葵中间游动时，一旦被其触手中的刺丝胞刺中，便会浑身麻痹，最后被卷入海葵的口中成为美食。但是有一种色彩鲜艳的小丑鱼能够与海葵和平共处互惠互利。

海葵和一些螃蟹的关系最为密切，它们和睦相处，平等互利。海葵常依附在蟹壳上，随海蟹周游四方，并以海蟹吃剩的废渣为食；海蟹则利用海葵的须来保护自己。大多数海葵过着独身生活，交配时，雄性海葵排出精子和雌性海葵排出的卵子在海水中相遇而形成受精卵，新一代的小海葵就这样出生了。

有些生物学家认为海葵的寿命长达300年。这就是说一棵海菊花可以常开300年而不凋谢，这是任何陆地花朵无法相比的。

七彩海贝

如果你到过青岛、烟台、大连或者海南岛，在海边走一圈就会发现有很多小摊上都挂着一串串海螺壳、宝贝壳。

这些东西五彩斑斓，在绚丽的阳光照耀下，晶莹明亮，光彩夺目，在那密布着放射肋的褐色壳面上，镶嵌着淡黄、粉红、杏黄、灰白等颜色的纹彩，真是令人喜爱。

海螺和宝贝以及人们最常见的蛤蜊都属于海洋贝类，在生物学上属于软体动物。它们分布很广，寒、温、热三带海区，上、中、下三层水深都有它的踪迹。其种类非常繁多，难以计数。尽管它们的形态各不相同，色彩各异，生活习性不一，但都有一个共同的特点：即身体柔软不分节，各有一个石灰质的外壳。大家常听说的扇贝，形状宛如扇面，薄而透明，壳内是白色的，有云母光泽，极为美丽。它们平时多相互附着，像累累成串的葡萄，迁居时成群结队而游，像一群体态轻盈的彩蝶，在蓝色的大海中翩翩起舞。还有一种叫“宝贝”的，其贝壳呈卵圆形，大小不等，外表光彩熠熠，炫人眼目。最美丽的一种称虎斑宝贝，因其壳面有虎纹一样的斑点而得名。砗磲贝，略呈三角形，长者可达一米多，表面有一层釉质，颜色有白、黄、绿、青、紫等，光谱异常，好像一个精致的大磁盘，素有“贝王”之称。玛瑙贝，是世界上最珍贵的一种贝类，它生活在深海中，色如玛瑙，为世上稀有之宝。此外，还有璀璨如珍珠的珠贝，洁白如玉兰的白玉贝，雪白似银的日月贝，还有珍珠母贝和猪耳贝贻贝、毛蚶、沙蛤、花蛤、文蛤、油蛤，以及米螺、长尾螺、羚螺、角螺、香螺、散螺、刺猬螺等，不下10余万种。光听这些别致的名字，就知道五彩缤纷、千姿百态的海洋贝类有多么漂亮！

贝类大家族的运动方式也是多姿多彩的。海贝利用发达的侧足游泳，扇贝堪称贝类家族的佼佼者，有时可游动一千多米；头足类，如海螵蛸因外壳退化仅留内壳，游起来轻松自如；能跳动的贝类还有凤螺、蛙螺、三角蛤等，均能跳过10厘米高度，有些螺可连续跳，极具情趣。

此外，许多海洋贝类还十分善于利用潮水涨落和波浪的冲刷完成周期性的迁移，时有群迁现象。例如，海兔产卵前，常从深水处移到浅水区，产卵之后又回到深水处生活；荔枝螺在大雨或大量淡水冲淡海水后，移居到海水中生活。斧蛤是典型的“冲浪者”，涨潮时，它等待大海冲击海岸之前从地下沙中钻出，随着击岸浪的卷起抛向高地，随之钻入沙中躲避起来，退潮时则相反，一旦浪潮从岸边向下滚动，它便从沙中钻出，随浪而下，蛏等幼贝或借张壳而浮动，或借伸足而漂浮，各有自己的一套方法。

海洋贝类不仅有着美丽的贝壳，而且它的贝质含有丰富的蛋白质、无机盐和多种维生素。海产的红螺、泥螺、扇贝、蛤仔等，淡水产的田螺、螺蛳、蚌等，以及陆生的蜗牛，营养丰富，味道鲜美，早已成为我们生活中的美味。有些贝还可药用。鲍的贝壳叫“石决明”，可治眼疾；乌贼的内壳叫“海螵蛸”，可治外伤、心脏

病和胃病；宝贝的贝壳叫“海巴”，有明目解毒的功效；毛蚶的贝壳叫“瓦楞子”，可治胃病、吐酸水；珍珠更是大名鼎鼎的中药材，有清热解毒、止咳化痰等多种功用。六神丸、安宫牛黄丸、行军散等中成药都含有珍珠成分。

海洋贝类的壳还是工业的重要原料。由于贝壳的主要成分是碳酸钙，因此可以用它烧成石灰。而大马蹄螺、夜光螺、文蛤的壳粕是喷漆工业上的调和剂，十分名贵。此外，贝壳还可以加工成壳粉，是饲养猪、鸡等禽畜的理想钙质饲料添加剂。

纽虫

在世界上，敢与抹香鲸决胜负的大王乌贼身长近17米；在南大西洋马尔维纳斯群岛着陆过的蓝鲸长达33米；北方海域漂浮的宛若巨伞的霞水母长达36米；但这些动物都算不上是世界上最长的动物。

1864年，一次猛烈的风暴后，在苏格兰沿岸，人们采到一条海洋纽虫，又称蠕虫，测量它的体长，竟超过了180英尺(约55米)！经鉴定，这是一条巨大的纽虫。过去曾记录过一条长达30米的纽虫，但这条却破了世界纪录，把它称为超级纽虫，实不过誉。据统计，世界上大约有500多种纽虫。

不过，超级纽虫虽然在体长方面称得上世界之最，但在动物界里却处于较低等的位置，在海洋生物中，它也不是名门望族。

纽虫的身体不分节，背腹扁平，两侧对称。在结构上，不论是长达数十米或长仅一毫米的纽虫，都长着一个特别的吻。吻位于背部的一个特殊的腔中，几乎超过体长的二分之一。当捕食时，乘被捕者不备，吻部可突然伸出，迅速缠住猎获物并将它卷入口中。有的纽虫吻端还长有针刺，以增强其捕食能力。

在动物演化的历程中，纽虫不像扁虫那样口兼肛门，而是有了完整的消化系统，有了专门排粪的器官——肛门。同时，它的循环系统也初具规模。作为一种较低等的动物，纽虫能够生存至今，也许是因为它具有以上器官。纽虫的生命力很强，即使在寒冷的冬天也能够僵而不死。它有很厚的肌肉层，而且体表能分泌酸性很强的黏液，在它的肠道和体壁之间充满着许多组织细胞，可以贮存食物。因此，它的耐饿力很强。

纽虫有特别的再生能力，它以断裂的方式进行无性生殖。虫体可以分为许多部分，每一部分都是以后新个体的起源。人们做过这样的实验，把一个10厘米长的纽虫体切成100个小段，过一段时间后，每个小段都形成了一个完整的个体。当然，不同种类的纽虫的再生能力是不完全相同的，有的纽虫只要有部分纵神经干就能再生，有的却要有体后端才能再生。

通常情况下，一定的组织和器官只能由一定的胚层而来，可纽虫无肠部分的片段，却能够再生包括肠在内的完整虫体。怎样解释这种现象呢？也许是纽虫未分化的细胞具有这样的潜力？这使研究者们发生了兴趣。

纽虫身体收缩能力极强，如果人们将捕蟹网置于海中，纽虫闻到里面食物的味道就会顺着比身体细五倍的网眼挤进去，吃掉食物后再挤出来，而身体毫无损害。

纽虫大多数色彩鲜艳，红、蓝、黄、绿、白等各种颜色混合一体，有时呈交叉的横带状，有时具特殊的警戒色。你如果在潮间带翻开石块，也许就会看到几条扭缠在一起的纽虫。带回实验室，可观察到它们靠蠕动波向前运动的情形，有的纽虫还能做波浪式的游泳呢。但是，要想固定并保存纽虫，却仍然是个难题，即使用特殊的麻醉剂使之松弛，也很难获得理想的标本。

在海洋中，纽虫的数量不多，它具有什么样的经济价值还不十分清楚，但谁也无法否认，将来有一天纽虫也许会对人类做出一些贡献。

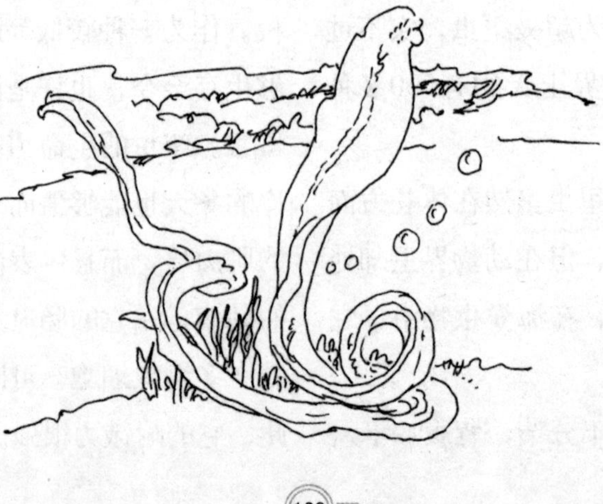

海蟹

在海蟹家族中，主要有梭子蟹、蜘蛛蟹、和尚蟹、绒螯蟹等300多种。海蟹秉性好斗，为了争夺一点食物、一块穴居地或一只配偶，它们很快会动起武来，打得难解难分，断腿缺臂，甚至把同类撕裂吃掉，那些刚刚蜕皮的软壳蟹，若不及时在石块下隐藏好，也常会处于被残害的境地。

海蟹有自然界中独一无二的横行姿态，这是为什么？据科学家研究，海蟹的“横行”并不是出于自愿。海蟹属节肢动物门的甲壳动物，是一种古老的洄游性水生动物。海蟹一生有两次明显的洄游。当其从大眼幼体变成幼蟹时，就离开半咸水，向淡水水域索饵洄游，在漫长的索饵洄游中生长，直到接近性成熟时，才由内陆淡水水域向河口浅海交汇处的半咸水水域进行生殖洄游。海蟹的头部有两对触角。第一对触角内有平衡囊，囊内有几颗靠地磁定向的小磁体，因而对地磁场的反应十分敏感，靠它辨别方向，爬前退后，行走自如。后来，地球地磁场几经颠倒，导致众多动物一时难以适应，大批死亡，甚至于灭绝。地磁场的变化，使海蟹感到非常为难，它的小磁场(起指针、罗盘作用)也随之改变。为了适应环境而求得生存，海蟹被迫采用了折中的办法——以不变应万变，干脆来个既不向前也不向后，而采取左右“横行”的行走办法来适应环境。另外，海蟹为了生存的需要，它的身体也有特殊的结构。头胸部有5对胸肢，第一对叫“螯足”(俗称“螯钳”)，第二对至第五对称为步足(俗称“螯脚”)。由于胸肢基部连接头胸部，不能上下左右转向，使步足的关节只能向下弯曲，而不能前后移动，所以它在爬行时，只能用一侧的步足尖端抓地，再用另一侧的步足在地面上伸直，横行前进，因此只好“横行”了。

海蟹是穴居动物，在造穴过程中，也显示了它们的聪明智慧。海蟹类的洞穴形状不一，洞口数量也不尽一致。圆球鼓窗蟹在造穴过程中，从洞口周围抱出一粒粒很像米粒似的圆球状砂颗粒。厚蟹在造穴过程中，充分利用搬出的泥块，又在洞口堆筑起形似碉堡的“矮墙”，并在一侧留一个缺口，作为“家门”，方便自己进进出出。这道矮墙还可以在退潮后、遇风时，防止“海水侵犯”。其家门的开向也是很科学的。每当冬季来临，西北风猛刮的时候，厚蟹就将家门开在南侧；而在春季西南风多时，就将门开在北侧。海蟹的洞穴数目也不一致。只有一个洞口的海蟹类，仅在洞口周围觅食，一旦发生惊动或意外情况，就会很快钻入洞内。另外还有一些蟹类，由于它们的个体较大，因而“饭量”亦大，若是只在洞口觅食，是满足不了自己要求的，因此不得不进行稍长距离的觅食活动，这样避免危险性太大，如一旦遇到敌情，还未等逃跑进入洞穴就被擒获。为了兼顾觅食和躲避风险，海蟹就造两个或两个以上的洞穴。

海蟹虽然很聪明，但是仍难以避免成为人们宴席上的珍品。因为它的味道实在是鲜美。

龙虾

欧美国家的正式宴席上如果少了一盘龙虾的话，将会大失其色。龙虾模样壮观，色彩鲜艳，肉味鲜美，能吃到龙虾是一种身份和经济实力的象征。由于煮熟了的龙虾颜色火红，所以有人把龙虾称为吉祥的龙虾，认为吃了龙虾会给人带来好运气。

龙虾肉味鲜美，营养成分很能适合人体所需的高蛋白低脂肪要求。龙虾肉具有滋阴镇静、补肾健胃，治神经衰弱、皮肤溃疡等症；龙虾壳可治头疮、疥癣、扁桃体炎和过敏性反应。龙虾不但味美，它色泽美丽的外壳也很引人赞美。闽南东山岛渔家自古以来习惯用甲壳加工成精美绝伦的“龙虾雕”，这种完整的龙虾雕挂屏看上去像刚出水的龙虾一样栩栩如生，多次被选送广交会展销。龙虾是“龙宫”中的吉祥物，常出现在国宴上。日本、中国香港及东南亚地区自古以来有“没有龙虾不成宴”之说。龙虾可烹制成“葵花龙虾”“龙虾肉汤”“炒龙虾片”等名菜。

作为虾类家族的一员，龙虾几分像龙几分像虾，素有“虾中之王”的美称。龙虾上身是坚硬多棘的甲壳，就像披着一身战甲，头和胸藏在甲壳下，两只滴溜溜的大眼珠宛如国画中的龙眼，向前异常突出。遗憾的是虽然眼睛这么大，却是一副近视眼。龙虾的尾巴像一把扇子，又像一条超短裙的裙边。它的头部长着两只小角，这是能刺人的螯；还有两对触须，其中一对特长，好像一绺长辫，可从头弯曲到尾部。龙虾有八条细长的腿，上面长着茸茸细毛，这些不起眼的茸毛竟有听觉、味觉的功能，要不然，龙虾就更迟缓笨拙了。龙虾的下身长有四对游泳肢，就像划水的木桨。头部颇似舞台上皇后所戴的冠冕，鲜艳夺目显得雍容华贵。龙虾的器官也是稀奇古怪：它的头骨露在外头当脚使，神经系统不是长在背上而是长在腹部。脑子长在咽喉下边，小得像针头，臼齿长在胃里，肾长在尖尖的前额后面。

龙虾的习性那就更古怪了。它平素喜欢离群索居，白天极少出来抛头露面，隐居在暗礁缝或岩洞间，每到夜幕降临，才出来搜觅小鱼虾、贝类充饥。别看它深居简出，警惕性还是蛮高的，它那两只可怕的钳子般的利螯随时警备着，一有风吹草动，腿上的茸毛和头上的鞭状触须就会发出警报。虽然它貌似凶狠，胆子却出奇的小，就连觅食时也是蹑手蹑脚的，不到万不得已总不出击。遇到了敌人，常常是摆动尾巴，倒退着溜之大吉。龙虾具有变色龙的特性，翡翠绿、黄褐色、棕紫色以及色彩斑驳的色纹能随着环境变化成“保护色”。龙虾在成长过程中要多次蜕皮，先是在背脊上胀开个裂口，然后弯身把“皮大袄”脱下，变得全身光裸。这时它怕现丑，就羞怯地匿藏起来，直到个把月后胶质的嫩壳渐硬才公开露面。雌虾生儿育女可是个“高产户”，一次能产上万个幼子，但又管不了这么多，只好成了大鱼大虾的美餐。因此龙虾成活率低得可怜，这样更使它身

价百倍了。

捕龙虾是奇特有趣的活动，在海边长大的人掌握到它夜出昼伏的习性，就常在夜间诱捕。在台湾、闽南海岛，用的是独特的网篮，叫“龙虾缯”。这是塑料绳编结成的四方网，四角用两支交叉呈弧形的硬竹片系牢，然后在竹片交叉处系一长拉绳，网兜中放上诱食的贝类、小螃蟹、生鱼片，把它沉落在龙虾“家门口”，待到它吃得津津有味，渔家人手上觉得绳子抽动时，就悄悄提起拉绳，这时贪吃的龙虾就束手就擒了。台湾海峡海水温暖，礁林密布，所以有着丰富的龙虾资源。已发现的有“中国龙虾”“锦绣龙虾”“波纹龙虾”等品种，虾体粗壮，圆柱形而略扁平，长30厘米以上，有美丽斑纹，大型的个体重达数千克，是上等的佳肴，摆在宴席上非常壮观。

南极有着丰富的磷虾资源，磷虾主要生活在距南极大陆不远的南大

南极磷虾

洋中，尤其在威德尔海，磷虾更为密集。有意思的是，有时磷虾集体洄游竟形成长、宽达数百米的队伍，每立方米水中有3万多只磷虾，从而使得海水也为之变色：在白天海面呈现一片浅褐色；夜里则出现一片荧光。

南极，千里冰封，漫天飞雪，寒冷彻骨的地方，为什么在这海域中能孕育如此丰富的磷虾呢？这是因为那里有一股独特的上升流。南大洋有一股环绕南极大陆的寒流，它在向北流去时下沉；而来自太平洋、大西洋和印度洋的暖流在南下时，遇到这股下沉的寒流，就形成上升流。这股上升流含有丰富的营养物质，加之水暖，使得微生物大量繁殖，成为磷虾摄食和栖息的理想场所。南极磷虾的生活周期与南大洋的季节相适应。它们在春季，即10月和11月交配，每只雌虾在夏季产卵多次，每次多达数千粒。这些虾卵一旦脱离母体，即下沉到几百米深的海底，在那儿孵化成幼体，继续生长一段时间后卵黄囊内储存的卵黄终于消耗尽了，这时，它们才上浮到海水表层来摄取浮游植物。它们在冰冷的海水中生长缓慢，幼虾要经过5个阶段，并多次蜕壳才能长成6厘米长的成虾，生长期达3～4年之久。在这期间，它们一直是群栖生活，在冰层下到处洄游，寻找食物，躲避敌害。

磷虾资源极其丰富，毫无疑问是人类潜在的食物资源。现在的问题是各国已经在南极海洋中大量捕捞磷虾，如果磷虾捕捞业不断扩大，势必危及南极鲸类的生存，它们将不是死于捕鲸叉，而是死于饥饿。过度的捕捞将使南极脆弱的生态系统产生灾难性的后果，因为在那里，几乎所有的动物都直接或间接地依赖磷虾而生存。磷虾的进一步开发利用是在所难免的，但是应该将其捕获控制在最大的可持续捕获量之内，以保护南极的生态平衡。

海洋浮游生物

取海水放在普通的光学显微镜底下观察，我们会发现很多奇怪的小生物。有些会动的，我们把它们叫作浮游动物；有些不动的，我们把它们叫作浮游植物，又叫微藻。还有一些个体更小的，只有在电子显微镜下才能看得清楚，它们依靠分解有机物而生存，我们把它们叫作海洋细菌。

浮游生物是一群流浪者，它们终日随波逐流，四海为家；没有固定的生活场所。其中大多数还都是些隐士，很少有人能见到它们的真面目，因为它们实在太小了，只有1毫米的十分之几或者百分之几。这些生物的个头虽然微不足道，但它们在整个海洋生物界起着举足轻重的作用。

微藻的身体带着不同的颜色，有绿色、黄色和褐色，形状五花八门，无奇不有，有的呈圆盘状，有的呈三角形，有的则呈花朵状。90%以上的海洋植物是浮游藻类，根据它们的身体组成不同，又可以将它们分成蓝藻、金藻、硅藻和甲藻。这些微藻靠细胞里的色素吸收太阳光能进行光合作用，把水和二氧化碳合成有机物，在良好的条件下它们能很快地繁殖起来。一个硅藻在理想的环境下不受限制地生长，八天之内其繁殖的体积有地球那么大。当然自然界中有很多条件限制了它们的生长，它们不可能无限制的繁殖下去。

浮游藻中最主要的种类是硅藻和甲藻。硅藻的细胞壁含有硅质，死亡以后沉积到海底，是形成海底软泥的主要成分。化石硅藻是研究地球演化的重要资料。在浮游植物当中，甲藻在数量上位居第二。它们的分布广泛，在热带和亚热带水域中是常见的优势种。赤潮主要是由甲藻引起的。

限制浮游微生物繁殖的最重要

的因素是营养条件。自然海水中的营养成分是有限的，所以微藻的数量也仅仅会在一定的范围内变化。但是由于近年来全球性生态环境恶化，工业和生活污水大量排入海中，尤其严重的是，随着近海养殖规模的不断扩大，大量的肥料和过剩的饵料也排放到海中，海水中含的营养成分增多，使得甲藻过量繁殖并高密度聚集，导致海水变成红色，这时海水会发出一股臭味，渔民们将它们叫作臭水，学者们叫它们赤潮。1973年8月美国新西兰沿岸的赤潮使附近海水养殖场在一星期内贝类损失达4千万美元。赤潮可导致鱼、虾、贝类死亡，大量的赤潮生物直接分泌毒素或死亡后尸体分解产生毒素使鱼虾贝类大量中毒死亡。有时也会因为大量的赤潮生物堵塞了海洋生物的呼吸器官而使其窒息死亡。赤潮生物死亡后分解是一个耗氧的过程，使得水中氧气含量减少，硫化氢含量增多而危及生物。有些海洋鱼类和贝类可以富集赤潮生物的毒性，如果人吃了这样的鱼类，毒素就会对人体造成危害。世界上有很多沿海地区的居民因为吃了有毒的贝类而造成麻痹性中毒。1986年12月我国福建省东山县瓷窑村居民因为误吃了赤潮区采捕的蛤蜊而造成100多人中毒，数人死亡的悲剧。近十年来世界上由于赤潮中毒而引起死亡的事件就有500多起。所以一般国家进行海产品进出口贸易时，赤潮毒素是一项必检项目。

海水中的细菌种类和数量都很多，尤其是沿岸水域中含有大量的细菌。它们适应于海洋生活，能在含有盐分的海水中生长繁殖。它们的个体一般较小，大部分是革兰氏阴性杆菌。有相当的大数量的海洋细菌是可以发光的，被称为发光细菌。也有很多种类可以产生色素，在培养基上产生黄色或橙色的菌落，很醒目。海洋细菌是海洋生物圈中不可缺少的一个环节，它们可以将复杂的有机物分解成无机盐和二氧化碳，为绿色植物进行光合作用提供必要的原料。除此以外海洋细菌还有很多重要的用途，它们可以分解石油。石油是污染环境的一个重要因素，只要有少量石油污染存在，就能毁灭水中的藻类和海洋生物的幼体。海洋细菌可以把细菌当作食物，进行生长繁殖。由于微生物生长迅速，繁殖快，其吃石油的能力很惊人。利用微生物来处理石油污染，不但改善了环境，同时获得的菌体又是其他生物的饵料，真是变害为利。

海洋微藻和海洋细菌是浮游动物的直接饵料。浮游动物一般来说个体比较小，从零点几毫米到数毫米，但也有一些个体较大的，如南极的磷虾个体达数厘米。这些海洋浮游动物有一个特点，就是缺乏游泳能力，只能随波逐流。它们是海洋食物链中的第二个环节，通过它们将物质和能量从植物传递给鱼类、虾类和更高级的生物。浮游动物种类很多，包括水蚤、箭虫和一些大的动物的幼虫，浮游动物的数量直接影响到鱼虾的产量。

红树林

大家都知道红木家具经久耐用，价值不菲，但很少人知道制造红木家具的树是长在海里的。能产红木的树有几十种，它们和其他的植物共同组成了热带海岸所特有的风景——红树林。赤道带海岸是红树林的分布中心。红树林在热带潮湿气候地区的种类最丰富，生长最繁茂，由此向南、北延伸至南、北纬32度或更远。

与其他树木不同，红树林生长在海湾和河口潮间带富含有机质的灰黑色泥质、沙泥质的浅滩上，它们喜欢在风力较弱，潮汐缓和的地方生长。红树林的生长发育、繁殖更新和传播都依赖于潮汐。涨大潮时整个树干都淹没在海水中，只有较高一点的树冠露出水面，无数个叶子在蓝色的海水中摇曳起伏；退潮的时候则全部露出水面，树干盘根错节地立于浅滩上。红树林生态系是世界上最富多样性、生产力最高的海洋生态系之一。枝繁叶茂的红树林不仅为海洋生物和鸟类提供了一个理想的栖息环境，其大量的凋落物也为它们提供了丰富的食物来源，从而形成一个食物链关系复杂的、高生产力的生态系统。在这个系统里存在着很多其他地方找不到的生物。

红树的生长和繁殖跟陆地上的树木有所不同，它们在种子成熟后即在母树上萌发，伸长的胚轴像豆荚一样倒挂在树上，随海风摇曳，当幼苗成熟后就会借助于重力或其他外力的作用掉落并插入泥土中，过一段时间就能生根长成幼苗。这种方式叫作植物的胎生。大海的潮流也许会使红树幼苗漂泊到很远的地方，若条件适宜的话，它们会随时固定下来生根发芽。从外表看红树林不是红的，而是绿色的。它们的树枝和树干的心是红的，由于在海水中生长，它们的木质细密坚硬，可以防水阻火，是优质的木材，所以红木家具的价格连年上升。此外，红树植物本身含有大量的单宁，可硝皮和染渔网，它们的枝叶可以做柴薪和绿肥，某些果实可以食用和酿酒。可以说红树浑身都是宝。

红树林对人们的最大贡献是调节气候，防暑降温，净化空气，保持水土和美化环境，尤其是它们的根系极为发达，着地牢固，可以起到防浪护岸的作用。十年动乱时期，人们一味地围海造田，沿海大片的红树林被砍掉，人为地破坏了生态平衡，结果台风强浪袭来，海岸水土流失严重，沿岸建筑也受到了损害。自1980年以来，在有关部门的呼吁下，建立起一些红树林自然保护区。在广西壮族自治区北海市合浦县山口镇的沿海滩涂就有一片面积为600～700公顷的红树林，它是我国红树林种类最多、生态体系最完整的红树林保护区。这里的红树林之所以保护得如此完好，是因为人们真正认识到了它的作用。在山口镇英罗港还增派了护林员，建立管理制度，有效地保障了红树林的生长和利用。英罗港分区是连片的红海橄榄林，红树高大挺拔，底部盘根错节，十分壮观，在我国极为罕见。这里的红树林区有大量的鱼、虾、贝类、海蛇等生物栖息繁衍，甚至世界珍稀动物儒艮也常到这里寻觅食物。

繁茂的红树林像哨兵一样护卫着海岸。1986年7月，第9号台风袭击北海市时，暴风雨伴随着恶浪无情地冲击海岸。广西沿岸绝大部分地区海堤被暴潮漫过1米，900多千米海堤决口1000多处。距英罗港不远的竹林盐场，尽管外堤是用石头水泥砌成，却也被冲得稀里哗啦。而山口镇沿岸由于有红树林的保护，堤坝基本上没有受到什么损害。

国家级山口红树林生态自然保护区的建立，提高了北海市和合浦县的知名度，近年来络绎不绝的人来参观旅游。由于红树林为热带海岸所独有的景观，是我国稀有的旅游资源，我们可以继续以此为基点发展旅游事业。

儒艮

“南海有鲛人，身为鱼形，出没海上，能纺会织，哭时落泪……”这是南朝时我国古人在《述异记》中对儒艮的记载。

儒艮主要分布在太平洋西南部海域和印度洋沿岸，从非洲东岸到亚洲、澳大利亚、东南亚、我国的南海、台湾地区和日本都有。成群的儒艮常在浅海处觅食、嬉戏，从十几只到200多只不等，场面非常壮观。儒艮是茫茫大海中唯一的草食性哺乳动物，属于海牛目。它与海牛目的其他动物(如海牛)的最大区别在于：海牛的尾部呈圆形，而儒艮尾部形状与海豚尾部相似。让我们来看看儒艮的“美貌”：一双小眼长得实在让人不敢恭维，头大，嘴长得十分奇特，上唇成圆盘状，占据头的大部分，脸上长有硬毛，可谓“丑恶的嘴脸”；舌大，这使其更利于进食海底植物而将沙子排除开，光秃秃的头顶根本无美女的卷发，皮肤厚厚的，布满皱纹，全身灰色或橄榄绿色，这哪里是“皮肉白如玉，发如马尾”。唯一同美女相似之处是有一对小而突出的乳房长在胸部，和鲸类的乳房位置明显不同，这可能是早期的航海家、渔民、探险家、学者和文人墨客等称之为美人鱼、海美女、海鱼人的唯一原因。儒艮进食的时候可以看到它在如雾般的海底沙尘里穿来穿去，确也十分漂亮。儒艮的气孔在头部顶端，平均15分钟换一次气。头部和背部皮肤坚硬无比，非常厚实，骨骼也十分致密，可能起压重的作用，有利于抵消海底摄食时产生的浮力，厚实的皮和坚实的骨骼对鲨鱼的攻击有很好的自我保护作用。

小儒艮生命脆弱，皮肤很薄，常常容易夭折于鲨鱼口中，所以小儒艮需要大量的营养以快快长大。小儒艮平均需要跟随母儒艮生活1年半至2年才能断奶，而母儒艮哺乳期间的进食量是平时的几倍。小儒艮有门齿2对，第1对至成体时脱落，第2对呈獠牙状，最大可达18厘米，主要在争夺配偶及防御敌人时起作用。此外，上下颌每侧有颊齿6枚。儒艮的平均寿命是78岁，当然这指的是自然死亡。

儒艮最喜欢的食物是海草，如海菖蒲、喜盐草、二药藻、丝粉藻和大叶藻等，对于小型植物它们就连根吞食，较大型植物则从根部以上切断。它们生性害羞，只要一有风吹草动，就会立即逃避，所以一般情况下，儒艮不会被人看见。在哺乳期，儒艮会带着孩子在浅海游弋，这时的成年儒艮乳头肿大，古代的水手们在光线不好的时候看到它，误认为是女人。由于传说的渲染，儒艮便有了“美人鱼”的称呼。

儒艮的厚皮可制造优质的皮革，致密的骨骼和牙可代替象牙制成各种各样的精美工艺品。在印尼的阿鲁群岛上有用儒艮牙的末端做成香烟嘴高价出售，还把环椎当作手镯奖励有功

之人。许多民族相信儒艮的身上具有医药和激发性欲之功效，如阿鲁群岛的渔民一直把“儒艮膏”作为一种春药出售。印度南部的一部分人认为儒艮像猪，总想杀死它，同一地区的人也会杀死儒艮，因为他们认为儒艮破坏了他们捕鱼的渔网。人类活动正使儒艮的生存环境受到致命威胁，儒艮数量本来就比海牛少，生命力又比海牛脆弱一些，所以处境就更加危险。我们常常可以看到处于近海的儒艮背上有可怕的被螺旋桨打伤的痕迹。工业污染过的近海，海底植被彻底破坏，儒艮面临饥饿的威胁，不得不离开家园迁徙别处。仅1995～1997年，澳大利亚就有3次儒艮的大规模迁徙。渔民使用带钩的渔网，也使得大量儒艮死亡。由于小儒艮在成年以前是无法独立生存的，所以只要猎杀了一只成年并处于哺乳期的雌性儒艮，就意味着一群小儒艮的死亡。

经历了海牛的灭亡惨剧以后，儒艮面临的危险越来越多地被人类所认识。中国将儒艮列为国家一级保护动物，在广西合浦设立了专门的自然保护区。合浦国家级儒艮自然保护区，是历史上儒艮栖息数量最多的海域，主要是由于这里拥有优良的深槽、海草和滩涂而成为儒艮的主要活动区域。由于儒艮的繁殖率很低，从20世纪80年代开始，它们似乎失去了踪迹，许多人怀疑儒艮已经在这里灭绝，直到最近才零星地被人们发现。而现在对“美人鱼”来说到了生死攸关的时刻，它们不仅面临直接或者间接被捕捉的威胁，更受到栖息地消失的威胁。澳大利亚政府已经拆除了几个码头，并明令禁止污染物直接人海，许多渔民已经自觉废除了用带钩的渔网捕鱼，同时政府明确规定，如果捉住儒艮，应立即放生。但儒艮的处境仍不乐观，数量减少可能导致因近亲交配而产生的一系列恶果。与许多海洋动物一样，已经十分稀少的儒艮急需更多的关心和保护。

矛尾鱼

鱼的种类很多，大多历史不长，只有几十万年或者几百万年，但是也有例外。到目前为止，矛尾鱼的发现无疑是所有鱼类中最具震撼力的，这不仅仅因为它是一种珍稀或古老的鱼，而且因为它是生物演化中“缺失的环节”，它的发现使现今所有陆地上的脊椎动物和水域中的鱼类紧密地联系在一起，四足类动物由海洋登上陆地的活化石证据由矛尾鱼鲜活地摆在人们眼前，简直难以置信！

其实，在古生代和中生代时期，总鳍鱼种类繁多，分布也很广泛。由于当时气候异常干燥，水中有周期性缺氧的情况，河床干涸，迫使它们用偶鳍支撑身体，在植物杆和干涸的水底移动，转移到另外有水的地方生活。这样，在长期的演化过程中，本来是水生生活的总鳍鱼，逐渐进化成也能在陆地上生活的两栖类，其他大部分因不能适应当时剧烈的环境变化而灭绝了。长期以来，人们一直认为总鳍鱼在白垩纪就完全灭绝了。

1938年，“涅尼雷”捕鱼船在印度洋南非沿岸捕鱼时，船长亨德里克·古森偶然捕到一条从未见过的鱼。它大约1.5米长，全身钢青色，眼睛深蓝色，最特别的是，它身子下面的鳍很大，有点像腿。“涅尼雷”号抵达南非东伦敦港后，有心的船长特意将这条怪鱼送给博物馆研究人员拉蒂曼女士，拉蒂曼看了这条鱼，也认为这是一个新种，应当好好保存下来，给海洋科学家去研究。她请了一位专门做标本的人，把这条怪鱼的皮剥了下来，做成一个标本，随后转送给鱼类专家詹姆斯·史密斯教授进行鉴定。见到这个极其珍贵的鱼种，史密斯简直不敢相信自己的眼睛，这不就是总鳍鱼嘛！奇货可居，史密斯教授就用发现者拉蒂曼的名字命名，即拉蒂曼鱼，现在通常叫作矛尾鱼。捕获矛尾鱼的消息一经传出，立即引起全世界轰动，这是由于在中生代有一支总鳍鱼转移到海洋中生活，像矛尾鱼就是那时残存下来的种类，也是总鳍鱼类中现知尚存的唯一代表。史密斯立即登广告悬赏：谁能再送给他一条矛尾鱼，将得到100镑的奖金。遗憾的是，史密斯足足等了14年，直到1952年才捕到第二条。据不完全统计，至今已陆续捕获了100多条矛尾鱼，均在科摩罗岛附近。由于极其珍贵，世界许多国家都竞相以高价向科摩罗购买。为了表示友好，科摩罗于1982年赠送了一条矛尾鱼标本给我国，目前此标本保存在中国科学院古脊柱动物与人类研究所中，之后又送给上海自然博物馆一条矛尾鱼标本。令人惊奇的是，1997年，矛尾鱼在距科摩罗岛9000千米的印度尼西亚也被发现了，正式报告在1998年的学术期刊上发表后，整个世界又一次为之疯狂了，各国的报纸和电视都争相报道。

矛尾鱼体长约0.75～2米，重13～80千克，生活在水深200～400米的海洋中，游泳速度很快。矛尾鱼体呈金属蓝色，偶鳍基部有发达的肌肉，体外披有鳞片。1975年，美国自然历史博物馆的科学家曾解剖了一条体长1.6米、重65千克的雌性鱼，结果在其右侧的输卵管内发现了5条约30厘米的带卵黄囊的幼鱼，才知道它们是卵胎生的，但由于至今还未发现矛尾鱼的幼鱼，它的繁殖情况仍然是个未解之谜。

1987年1月，著名的德国生态学家汉斯·弗里克深入科摩罗岛研究矛尾鱼，这是一个活火山暴发区，地形异常险峻。借助深海潜水器的拍摄、观察、纪录、研究，弗里克历经艰险，终于发现了矛尾鱼的栖息地，并逐渐了解了活矛尾鱼的一些生活习性：它们安静地躺在海底洞穴里，一洞接一洞，蔚为壮观。在1991年的探险中，他发现每个海底洞穴里足有20条矛尾鱼，亲密无间地生活着。到1995年他再次光顾时，惊奇地发现每个海底洞穴中仅有14条左右了。他随后考察了科摩罗岛主岛——大科摩罗岛沿岸，总共仅有200条左右的矛尾鱼。为什么矛尾鱼的数量在减少呢？原来，当地渔民为了在沿岸附近海域捕捉食用鱼类，常常误将矛尾鱼钩住。矛尾鱼根本无法食用，它散发的浓重的鱼油气味不仅令人倒胃，吃了还会引起胃病。迄今，渔民们仅发现矛尾鱼唯一有用的东西是身上坚硬的鳞片，可以取代日常生活用的砂纸。

最有趣的是矛尾鱼的摄食习性。一是食量惊人得少。正常情况下，一条重约95千克的鱼每昼夜至少要吃几千克食料，而同样重的矛尾鱼每昼夜仅吃10～20克食物就足够了。像矛尾鱼这样新陈代谢如此缓慢的生物在世界上是绝无仅有的。二是矛尾鱼昼伏夜出。白天，它们安详地躺在约200米深的海底洞穴里，很少游动。一旦日落西山，它们便蠢蠢欲动，纷纷爬出海洞，寻找食物。弗里克的研究发现，矛尾鱼可以灵敏地感受到磁场的微小变化。当小鱼等猎物途经鱼体附近时，鱼体周围磁场便发生变化，矛尾鱼即以迅雷不及掩耳之势冲向猎物，饱食一顿。平时，它们也出没于鱼儿经常活动的水域，停悬在海中的有利地势，守株待兔。有时，也向上层海水中游动，活动一下身体。

矛尾鱼的发现充分说明：在过去漫漫的生物演化史中，无论我们现在看到的是什么生物，近的或远的，联结的或分开的，总有一架无形的桥梁，将所有的生命连在一起，它或许藏在海洋的深处，或许印在DNA的深处，但最重要的是，我们尽可以享受追寻探索的乐趣、发现的成就、了解的满足，但千万不要忘记了对其他生命应有的尊重与爱护，因为我们都是生活在同一个地球上。

蝴蝶鱼

若要在鱼类中进行选美大赛，那么最富绮丽色彩和引入遐思的非蝴蝶鱼莫属。蝴蝶鱼由于体色艳丽夺目，在世界各地的水族馆中被广泛饲养，供游人观赏。

蝴蝶鱼是近海暖水性小型珊瑚礁鱼类，属硬骨鱼纲，鲈形目，蝴蝶鱼科，约有110多种，我国就有40多种。最大的可超过30厘米，如细纹蝴蝶鱼。它的主要特征是，身体极度侧扁而高，适宜在珊瑚丛中来回穿梭，长着一张樱桃小口，可以略微向前伸出，适宜伸入珊瑚洞穴去捕捉无脊椎动物，体色多鲜艳绚丽，并伴有数目不等的纵横条纹或花斑。

由于栖息在五光十色的珊瑚礁中，蝴蝶鱼的体色可随周围环境的

变化而改变。蝴蝶鱼的体表有大量色素细胞，在神经系统的控制下可以扩张或收缩，从而呈现出不同的色彩，改变一次体色仅需几分钟，而有的只需几秒钟。除能改变体色外，许多蝴蝶鱼体外还有巧妙的伪装，常把自己真正的眼藏在穿过头部的黑色条纹中，而在尾柄处或背鳍后有一个非常醒目的“伪眼”，使捕食者误以为是其头部而受到迷惑。当敌害向其“伪眼”袭击时，蝴蝶鱼就会逃之夭夭。在弱肉强食的复杂海洋环境中，蝴蝶鱼的变色与伪装，使自己的体色与周围环境相似，达到以假乱真的地步，在残酷的生存竞争中，赢得了自己的一席之地。

大部分蝴蝶鱼都成双成对在珊瑚礁中游弋、戏耍，总是形影不离，游姿优美典雅。当一条进行摄食时，另一条就在其周围警戒放哨。

弹涂鱼

在沿海的滩涂上，当退潮时，常常可以看到一些小鱼在无水的滩涂上跳跃或爬行，稍受惊动，马上就跳回水中或就近钻入洞穴里，这就是弹涂鱼，也叫跳鱼。

大部分鱼类离水后就会因缺氧窒息而死。然而，弹涂鱼虽然用鳃呼吸，但其鳃腔很大，鳃盖密封，能储存大量空气，同时，腔内表皮布满血管网，也起呼吸作用。它的皮肤亦布满血管，血液通过极薄的皮肤，能够直接与空气进行气体交换。因此，弹

涂鱼能离开水到滩涂活动。弹涂鱼的胸鳍和胸鳍基部的肌肉特别发达，胸鳍宛如动物的两只脚，靠着这两只“脚”就可轻松自如地在海边滩涂上爬行或跳跃，甚至能爬到红树林的根上面捕捉昆虫吃。

弹涂鱼机智灵活，两眼在头部上方，似蛙眼，视野开阔，并不时从洞穴探出脑袋观望。视觉十分敏锐，一只眼可用来寻找食物，另一只眼则警惕地注视着可能出现的危险。因此，要捉住它十分不易。人们只能在海滩上埋设向上开口的短竹管，因为当弹涂鱼逃命的时候总是见洞就钻，结果自然就会成为“瓮中之鳖”。

弹涂鱼个体较小，体长在4～8厘米之间。其肉质细嫩，富含油脂，家庭食用以汆汤、打卤味道最鲜美，也适于清蒸、红烧或做鱼丸子。弹涂鱼既能适应水生生活，又能适应陆生生活。目前有些地区已开始进行人工养殖，今后将有更多的弹涂鱼面市。

比目鱼

比目鱼由于外形特殊，又栖息于海底，颇使人觉得神秘莫测，以致古人误认为，比目鱼的雄鱼眼睛长在左边，雌鱼眼睛长在右边，雌雄并游，就可相互帮助，而不致顾此失彼。明朝李时珍的《本草纲目》说“鱼各一目，相比而行”，这就是比目鱼名称的由来。

现在我们知道，比目鱼是一俗名，为鲽形目鱼类的总称，主要特征是身体不对称，眼睛移到头的同一侧。两眼都长在左侧的叫鲆，长在右侧的叫鲽，即所谓的“左鲆右鲽”。还有颌部不突出的鳎类和舌鳎类，两眼都长在左侧的叫舌鳎，长在右侧的叫鳎，即所谓的“左舌鳎右鳎”。

比目鱼栖息于海底，常常侧着身体平躺在沙滩上，向上一面较突出，体色较深，向下一面较平坦，体色较浅，长着两眼的一侧总是朝上，时刻注视着海洋中的动静。白天潜伏在泥沙中，不大活动，夜出捕食鱼类、贝类、甲壳类。

有意思的是，刚孵出的小比目鱼与父母完全不同，眼对称地长在头的两侧，大约在出生后20天，身体长到7毫米左右，开始发育变态，下侧的眼挪到上面，与上面的眼并列起来，然后下沉海底。

比目鱼的体色会随环境的不同而变化，这主要是由于比目鱼的皮肤中含有大量的色素细胞，环境不同，色素细胞会随之扩张或收缩，细胞中的各种颜色的色素颗粒随之调节以适应环境。

比目鱼是重要的名贵经济鱼类，我国沿海都有分布。它的肉味鲜美，有益利气，补肾、脾，具消炎解毒之功效，其生鱼片尤为上品，肝可制鱼肝油，有些种类烤干再煮食可治疗急性肠胃炎。近年来，由于海洋资源逐渐衰竭，不少国家开展了人工养殖和放流增殖，比目鱼就是其中的一个主要养殖对象。

文昌鱼

相传南宋期间，厦门海域有一条大鳄鱼常爬上岸边害人，搞得人心惶惶。时值大哲学家朱熹在同安县任主簿。有一天，他正在县衙内批阅文件，不曾想，鳄鱼胆大包天，竟窜进县衙要行凶咬人，朱熹急中生智，把手中的笔狠狠地掷向鳄头，鳄鱼负重伤，逃到海里死去，死后尸体上长出许多小虫，这就是后来说的文昌鱼。取名文昌，因为朱熹的那支笔，说是文昌帝君的化身。民间又传说文昌鱼是文昌帝君赐给祭祀他的信徒的，每年在文昌帝君诞辰前后，这种鱼才出现，所以取名“文昌鱼”。《同安县志》记载：“文昌鱼。似鳗而细如丝，产西溪近海处”。

其实文昌鱼最早是由德国动物学家P·S·Pallas在英国Cornwall发现的，当时他认为那是软体动物蛞蝓的一种，这就是为什么文昌鱼又名“蛞蝓鱼”的原因。在1774年，这种鱼被命名为Limax lanceolatus。1834年，意大利人O·G·Costa则认为文昌鱼是低等脊椎动物，将其命名为Branchiostoma。1836年，英国人William Yarrell又命名为Amphioscuslanceolatus。根据命名优先的原则，采用Branchiostoma作为属名，而以Amphioxus作为英文俗名，即文昌鱼的体形为两头尖的意思。直到1932年，Boring等人研究了中国厦门产的文昌鱼后，才将其定名为Branchiostoma belcheri。在我国，厦门、青岛、烟台等地都有文昌鱼的分布，尤其以厦门的产量最为丰富，是世界上著名的文昌鱼产区。1923年，美国的一位科学家在厦门大学担任动物学教授时，看到这里的文昌鱼多得可以当食品，既惊讶又惋惜，于是他著文报道，引起国际生物界的极大震撼，不少国家的科学家前来采集标本进行研究。

文昌鱼有很高的营养价值和经济价值。它营养丰富，味道鲜美，蛋白质含量达70%，还含有丰富的磷、碘等，脂肪含量很低，肉质鲜嫩，味道清津甜美，制成干品，可存放一两年，成为闽南一带著名的席上珍馐。

文昌鱼是一种半透明的鱼形动物，但没有头与躯干之分。身体两侧扁扁的，两端尖，英文名Amphioscus即为此意。文昌鱼生活的大部分时间是将身体埋在浅海的泥沙中，口朝天，不过，它并没有在仰天长叹，也没有什么不如意，无非是为了填饱肚子而已，只要成群结队的浮游植物从它们面前一过，它们是决不会放过这大好机会的，它们会连水带植物统统摄入口中。有时，它们也会以身体的一侧平躺在沙面上。据考古学家考证，文昌鱼在地球出现已有5亿年了，这一点就具有重大的科研价值，也使文昌鱼有了“活化石”的美称，达尔文曾说：“这是伟大的发现，它提供了指示脊椎动物起源的钥匙”。

文昌鱼的生理构造甚为奇特，它和一般鱼不同，没有鱼类常有的鳍，它的鳍只是一层皮膜，虽然也用鳃呼吸，但腮却被皮肤和肌肉包裹起来，形成了特殊的围腮腔。它无鳞，没有分化的头、眼、耳、鼻等感觉器官，也没有专门的消化系统，只有一个能跳动的、内有五色血液的腹血管和一条承接口腔及肛门的直肠。文昌鱼无眼，但有一眼点，怕强光，白天只能躲藏在沙中，夜间则十分活跃。文昌鱼在每年6～7月间产卵，产卵和受精都在傍晚进行。文昌鱼的胚胎发育相当迅速，在傍晚受精卵开始分裂，到次日早晨，便成为全身披着纤毛的幼体，在海水表层自由自在地游泳，经过短暂的浮游期后，便钻入沙中。幼体喜欢栖息在泥沙交界处的细沙中。幼体期仅持续3个月，6个月后体长可达到1.8厘米，1年以后长到3.8厘米，这时性腺已发育成熟。文昌鱼体形小，只有3～6厘米长，每千克有近万条之多。平时文昌鱼很少游泳，在游泳时，可保持每秒钟60厘米的速度，连续游50秒，然后突然停下。游泳主要是靠身体的左右摆动来完成的。

文昌鱼活动范围很小，因此渔

场相当集中。捕捞文昌鱼的方法相当简单：将文昌鱼和其栖息的沙一同捞起，倒在船中木板上，淘洗泥沙，即可得到文昌鱼。文昌鱼对生活环境要求很高，成体喜欢在较松的沙砾地生活，沙砾中最好混有少量的贝壳碎片，以便于它的活动和呼吸。它的生存还需要其他的条件：海水要有一定的咸度，水温也要冷暖适当，水流不宜太急，风浪不能太大等。

我国的文昌鱼资源主要分布在福建、青岛、烟台等地沿海和北部湾，其中，资源量能形成渔场的只有厦门的刘五店，年产量最高时是在1933年，达到282吨，为世界其他海区所罕见。由于厦门刘五店海区文昌鱼生态环境遭受破坏，到了20世纪80年代以后已不能形成渔业，使这一著名的文昌鱼渔场失去生产能力。为了保护和合理利用这一珍稀海洋生物资源，厦门文昌鱼被国家列为二类保护动物。1991年9月，厦门市政府批准建立厦门文昌鱼自然保护区，并于1999年将厦门文昌鱼与另外两种保护动物中华白海豚、白鹭一起申报“厦门海洋珍稀物种国家级自然保护区”，2000年4月4日获得国务院的批准。但令人遗憾的是，文昌鱼的状况并没有得到很大改观。因此我们必须充分利用各种宣传媒介，进行宣传教育，提高人们的环境保护意识，让文昌鱼这一珍贵的“活化石”能够世世代代地存活下去！